Photoshop CC

实战从入门到精通（全彩版）

创锐设计　编著

机械工业出版社
China Machine Press

图书在版编目（CIP）数据

Photoshop CC实战从入门到精通：全彩版／创锐设计编著. —北京：机械工业出版社，2017.12

ISBN 978-7-111-58446-9

Ⅰ. ①P… Ⅱ. ①创… Ⅲ. ①图像处理软件 Ⅳ. ①TP391.413

中国版本图书馆CIP数据核字（2017）第278306号

Photoshop 是当今流行的图像处理软件，被广泛应用于平面设计、包装装潢、印刷出版等诸多领域。Photoshop CC 是 Photoshop 产品史上升级幅度较大的一个版本，在功能及操作的人性化方面均有很大提升。本书从初学者的学习需求出发，由浅入深地讲解 Photoshop CC 的功能及应用，以帮助读者充分运用软件的强大功能来扩展自己的创意空间。

全书共 15 章，可划分为 3 个部分。第 1 部分为软件基础入门，主要介绍 Photoshop CC 的工作界面及文件和图像处理的基本操作。第 2 部分为软件主要功能，介绍了选区、图像色彩调整、绘图、图像修复和修饰、矢量图形、文字、图层、蒙版、通道、滤镜、3D、动画、动作、批处理、图像输出等 Photoshop CC 的功能及实际应用。第 3 部分为软件应用实战，分别从数码照片后期处理、网店美工、平面设计 3 个极具代表性的领域选取综合性实例进行详细解析，在进一步巩固前面所学内容的基础上培养综合应用能力。

本书内容翔实，图文并茂，可操作性和针对性强，既适合初学者进行 Photoshop CC 的入门学习，也适合希望提高 Photoshop CC 操作水平的相关从业人员、图像处理爱好者使用，还可作为培训机构、大中专院校相关专业的教学辅导用书。

Photoshop CC实战从入门到精通（全彩版）

出版发行：机械工业出版社（北京市西城区百万庄大街22号　邮政编码：100037）

责任编辑：杨 倩　　　　　　　　　　　　　　责任校对：庄 瑜

印　　刷：北京天颖印刷有限公司　　　　　　版　　次：2018年1月第1版第1次印刷

开　　本：185mm×260mm　1/16　　　　　　印　　张：17.5

书　　号：ISBN 978-7-111-58446-9　　　　　定　　价：69.80元

PREFACE

前 言

Photoshop是Adobe公司推出的图像处理软件，以其丰富强大的功能、人性化的操作方式、所见即所得的工作界面，成为了平面设计师、摄影师、图像处理爱好者们的必备工具。本书从初学者的学习需求出发，以Photoshop CC为软件平台，由浅入深、全面详尽地解析了Photoshop的各项功能，并通过实例将知识点应用到具体操作中，真正做到了理论与实践相结合。

◎ 内容结构

全书共15章，可划分为3个部分。

第1部分为软件基础入门，包括第1章，主要介绍Photoshop CC的工作界面及文件和图像处理的基本操作。

第2部分为软件主要功能，包括第2～12章，介绍了选区、图像色彩调整、绘图、图像修复和修饰、矢量图形、文字、图层、蒙版、通道、滤镜、3D、动画、动作、批处理、图像输出等Photoshop CC的功能及实际应用。

第3部分为软件应用实战，包括第13～15章，分别从数码照片后期处理、网店美工、平面设计3个极具代表性的领域选取综合性实例进行详细解析，在进一步巩固前面所学内容的基础上培养综合应用能力。

◎ 编写特色

◎ 内容全面、图文并茂

本书提炼了Photoshop CC软件功能和操作的所有重要知识点，并站在初学者的角度进行详细讲解，每个知识点和操作步骤都配有清晰直观的图片，让读者能够轻松地自学掌握并灵活应用。

◎实例丰富、讲练结合

书中精心设计了大量紧密联系知识点或贴近实际应用的典型实例，并在云空间资料中提供实例的相关文件和操作视频。读者按照书中讲解，结合文件和视频边看、边学、边练，能够直观、快速地理解和消化知识和技法，学习效果立竿见影。

◎知识补充、技巧提示

本书在知识点讲解和实例操作解析中，还适当穿插了"知识补充"和"技巧提示"，让读者在掌握基础知识和基本操作的基础上，能够进一步开阔眼界、提高效率。

◎资源丰富、教学无忧

本书配套的云空间资料除了包含书中所有实例的相关文件和操作视频外，还有PPT课件、设计素材、精美模板等丰富资源和扩展学习资料，任课教师可以随时下载并在授课时使用。最后3章13个案例的操作视频还可使用手机微信扫描二维码直接在线观看，学习方式更加方便、灵活。

◉ 读者对象

本书既适合初学者进行Photoshop CC的入门学习，也适合希望提高Photoshop CC操作水平的相关从业人员、图像处理爱好者使用，还可作为培训机构、大中专院校相关专业的教学辅导用书。

由于编者水平有限，在编写本书的过程中难免有不足之处，恳请广大读者指正批评，除了扫描二维码添加订阅号获取资讯以外，也可加入QQ群111083348与我们交流。

编者

2017年11月

如何获取云空间资料

步骤 1：扫描关注微信公众号

在手机微信的"发现"页面中点击"扫一扫"功能，如下左图所示，页面立即切换至"二维码/条码"界面，将手机对准下右图中的二维码，即可扫描关注我们的微信公众号。

步骤 2：获取资料下载地址和密码

关注公众号后，回复本书书号的后 6 位数字"584469"，公众号就会自动发送云空间资料的下载地址和相应密码，如下图所示。

步骤 3：打开资料下载页面

方法 1：在计算机的网页浏览器地址栏中输入获取的下载地址（输入时注意区分大小写），如右图所示，按 Enter 键即可打开资料下载页面。

方法 2：在计算机的网页浏览器地址栏中输入"wx.qq.com"，按 Enter 键后打开微信网页版的登录界面。按照登录界面的操作提示，使用手机微信的"扫一扫"功能扫描登录界面中的二维码，然后在手机微信中点击"登录"按钮，浏览器中将自动登录微信网页版。在微信网页版中单击左上角的"阅读"按钮，如右图所示，然后在下方的消息列表中找到并单击刚才公众号发送的消息，在右侧便可看到下载地址和相应密码。将下载地址复制、粘贴到网页浏览器的地址栏中，按 Enter 键即可打开资料下载页面。

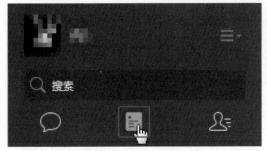

步骤 4：输入密码并下载资料

　　在资料下载页面的"请输入提取密码"下方的文本框中输入步骤 2 中获取的访问密码（输入时注意区分大小写），再单击"提取文件"按钮。在新页面中单击打开资料文件夹，在要下载的文件名后单击"下载"按钮，即可将云空间资料下载到计算机中。如果页面中提示选择"高速下载"还是"普通下载"，请选择"普通下载"。下载的资料如为压缩包，可使用 7-Zip、WinRAR 等软件解压。

步骤 5：播放多媒体视频

　　如果解压后得到的视频是 SWF 格式，需要使用 Adobe Flash Player 进行播放。新版本的 Adobe Flash Player 不能单独使用，而是作为浏览器的插件存在，所以最好选用 IE 浏览器来播放 SWF 格式的视频。如下左图所示，右击需要播放的视频文件，然后依次单击"打开方式 >Internet Explorer"，系统会根据操作指令打开 IE 浏览器，如下右图所示，稍等几秒钟后就可看到视频内容。

　　如果视频是 MP4 格式，可以选用其他通用播放器（如 Windows Media Player、暴风影音）播放。

> **提示**：若由于云服务器提供商的故障导致扫码看视频功能暂时无法使用，可通过上面介绍的方法下载视频文件包在计算机上观看。在下载和使用云空间资料的过程中如果遇到自己解决不了的问题，请加入 QQ 群 111083348，下载群文件中的详细说明，或寻求群管理员的协助。

目 录

CONTENTS

第3章 图像色彩的调整

第4章 绘图功能

第5章　图像的修复和修饰

第6章　矢量图形的创建和编辑

第7章　文字的创建与设置

第8章　图层功能全解析

第9章　蒙版和通道的应用

第 10 章　滤镜的特殊效果

第 11 章　3D 功能和动画制作

第 12 章　动作、批处理及图像输出

第 13 章　数码暗房实战

第 14 章　网店美工实战

第 15 章　平面设计实战

第1章　认识全新的Photoshop CC

Adobe 公司推出的图像处理软件 Photoshop 以其丰富强大的功能、人性化的操作方式、所见即所得的工作界面，成为了平面设计师、摄影师、图像处理爱好者们的必备工具，如今它已是数字媒体艺术领域当之无愧的王牌软件。Photoshop CC 是 Photoshop 产品史上升级幅度较大的一个版本，对常用功能做了诸多改进，并增加了许多能显著提高工作效率的功能和工具。

1.1　认识Photoshop CC工作界面

Photoshop CC 的操作界面和以往的 Photoshop CS 操作界面存在一定的差别，其中较为明显的差别就是更换了操作界面颜色和一些操作面板。安装完成 Photoshop CC 后，启动软件，即可看到 Photoshop CC 的操作界面。该操作界面中依旧包括菜单栏、工具箱、选项栏等，但各个区域所包含的具体内容和 Photoshop CS 相比也大不相同。

1.1.1　认识全新的工作界面

启动 Photoshop CC 后，即可进入到 Photoshop CC 的工作界面中，整体界面默认为深灰色，显得更简洁、美观。Photoshop CC 的工作界面与之前版本基本类似，也是由菜单栏、工具箱、图像窗口、面板等部分组成，但去除了应用程序栏，如下图所示。

菜单栏　　　　　　　　　　　　　　　　　　　　　　工具选项栏

工具箱

图像窗口　　　　　　　　　　　　　　　　　　　　　　面板

状态栏

1.1.2　了解菜单栏

菜单栏提供了 11 组菜单，如下图所示。Photoshop 中能用到的命令几乎都集中在菜单栏中。单击菜单，就会弹出相应的菜单命令，这些菜单包括文件、编辑、图像、图层、文字、选择、滤镜、3D、视图、窗口和帮助。

文件(F)　编辑(E)　图像(I)　图层(L)　文字(Y)　选择(S)　滤镜(T)　3D(D)　视图(V)　窗口(W)　帮助(H)

1.1.3　认识工具箱中的工具

工具箱将 Photoshop 中的功能以图标的形式聚集在一起，从工具的展现形态和名称就可以清楚地了解各个工具的功能。为了更方便地使用这些工具，Photoshop 还针对每个工具设置了相应的快捷键，使各工具之间的切换更加快捷。默认情况下工具箱在工作界面左侧以单列的形式显示，如下左图所示。单击工具箱上方的双箭头▶▶，可切换工具箱以双列的形式显示，如下中图所示。单击并拖曳工具箱上方的深灰色条，可将工具箱以浮动面板的形式显示，用户可以将其拖至界面中任意位置，如下右图所示。

在工具箱中除了显示的各种工具外，还提供了许多的隐藏工具。在一些工具图标右下角有一个小三角形图标，这表示该工具有相应的隐藏工具。右击或长按该工具图标，即可打开该工具组中相应的隐藏工具。工具箱中提供的所有工具如下图所示。

（接上页图）

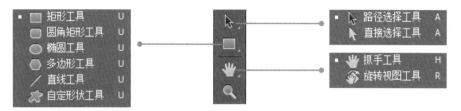

1.1.4　常用面板简介

面板默认出现在 Photoshop 工作界面的右侧，主要用于设置和修改图像。在编辑图像时，可针对不同的素材选取合适的面板对画面进行编辑。下面介绍图像处理中常用的一些面板。

1. "图层" 面板

"图层" 面板用于编辑和管理图层，是 Photoshop 中最常用的面板。在操作过程中出现的所有图层都能够在 "图层" 面板中查看到，如下图所示。

2. "通道" 面板

"通道" 面板用于显示打开图像的颜色信息，通过设定相应通道的数值达到管理颜色信息的目的。不同颜色模式的图像，其通道也不相同，如下图所示为 RGB 颜色模式的图像在 "通道" 面板中显示出的通道效果。

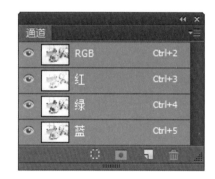

3. "路径" 面板

用于存储和编辑路径，"路径" 面板中记录了在操作过程中创建的所有路径，如下图所示。单击面板中的 "创建新路径" 按钮，即可新建路径。

4. "颜色" 面板

"颜色" 面板用于设置前景色和背景色，如下图所示。在面板中单击左前方的色块即可设置前景色，单击后方的色块即可设置背景色，默认情况下为黑白色。单击并拖曳面板右侧的滑块，即可设置所需的颜色。

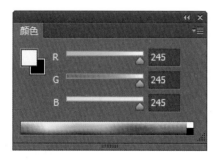

1.2 个性化的工作区域

在 Photoshop CC 中，用户可以选择各种预设的工作区，也可以根据自己的操作习惯和工作需要对面板进行合理的拆分与组合，自定义个性化的工作区。

1.2.1 选择预设工作区

Photoshop 为了满足不同用户群的设计需要，设置了 3D、动感、绘画等多种不同的预设工作区，当选取不同的预设工作区时，将会在工作界面中显示不同的面板。

要选择预设工作区，❶可单击工作界面右上角的"选择工作区"按钮 基本功能，❷在打开的下拉列表中选择其中的一个工作区，如下左图所示；❸也可以执行"窗口 > 工作区"菜单命令，如下中图所示，❹选择预设工作区的效果如下右图所示。

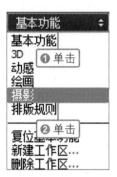
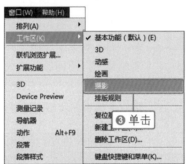

> **知识补充**
>
> 在工作界面中打开多个文档后，执行"窗口 > 排列"菜单命令，然后在打开的子菜单中选择相应的菜单命令，可以对打开的多个文件窗口的排列方式进行调整。

1.2.2 面板的拆分和组合

工作界面中的面板都被组合在一起并显示在界面右侧，这样不仅节约了面板所占用的空间，也让图像窗口操作起来更加方便。在实际操作中，也可以通过拖曳的方式对界面中的面板进行拆分与重组，自定义面板组合。

1. 拆分面板

在默认工作界面右侧可看到颜色面板组合，❶若单击并按住"颜色"面板标签，如下左图所示，❷向下拖曳，可以将该面板拆分出来，成为浮动面板，如下右图所示。

2. 组合面板

将拆分出来的"颜色"面板选中，❶单击并拖曳至需要组合的"图层"面板组中，如下左图所示，释放鼠标后，❷即把"颜色"面板组合至"图层"面板组中，如下右图所示。

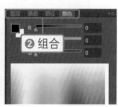

1.2.3 存储自定义的工作区

对面板进行拆分和组合后，可以将面板的设置通过"新建工作区"命令存储为一个新的工作区，并罗列到"工作区"菜单中，便于以后选用。

1. 执行菜单命令

对于工作区的存储操作，可执行"窗口 > 工作区 > 新建工作区"菜单命令，如下图所示。

2. 设置工作区名称

打开"新建工作区"对话框，❶输入新建工作区的名称，❷单击"存储"按钮，存储工作区，如下图所示。

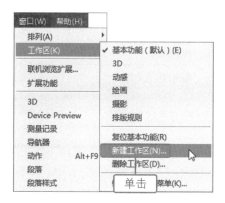

1.2.4 复位工作区

对工作界面中的面板进行移动或组合设置后，可以通过选择"复位××（工作区名称）"命令，将调整后的工作区还原至初始效果。

以复位"基本功能"工作区为例，❶执行"窗口 > 工作区 > 复位基本功能"菜单命令，如下左图所示，❷或者单击"选择工作区"按钮 基本功能，❸在打开的列表中选择"复位基本功能"命令，如下中图所示，❹复位效果如下右图所示。

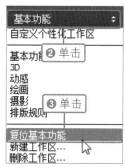

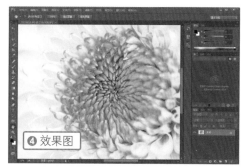

1.2.5 删除工作区

当不再需要自定义的工作区时，可以利用"删除工作区"命令将不需要的工作区从工作区列表中删除。

1. 执行菜单命令

要删除自定义的工作区，执行"窗口 > 工作区 > 删除工作区"菜单命令，如下图所示。

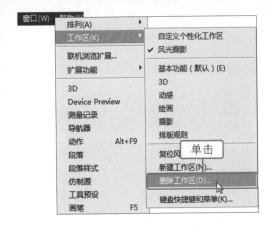

2. 选择要删除的工作区

打开"删除工作区"对话框，❶单击对话框中"工作区"后的三角按钮，在打开的列表中选择要删除的工作区，❷单击"删除"按钮即可，如下图所示。

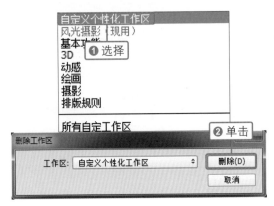

知识补充

要删除存储的工作区，除了通过"窗口"菜单，还可以单击工作界面右上角的"选择工作区"按钮，在打开的列表中执行"删除工作区"命令。

1.3 | 文件的基本操作

在使用 Photoshop CC 对图像进行编辑与制作前，首先要掌握一些基础操作，例如新建文件、打开文件、关闭与存储文件等。使用 Photoshop CC 中的"文件"菜单即可以完成文件的新建、打开、置入及存储等一系列操作。

1.3.1 文件的新建

新建文件是运用 Photoshop CC 对图像进行处理的基础。通过菜单命令可以在操作界面中创建一个空白文档，并且文档的大小、颜色等属性都可以由用户自己来定义。执行"文件 > 新建"菜单命令，打开"新建"对话框，可在该对话框中设置新建文档的大小、分辨率及背景颜色等。

1. 选择预设选项新建文档

❶在打开的"新建"对话框中单击"文档类型"右侧的下拉按钮，即可打开"文档类型"列表，如下左图所示。在该列表中选择预设的选项后，❷在对话框下方的大小、宽度及高度等参数也会随之发生改变，如下右图所示，此时单击"确定"按钮，则会以选择的预设选项创建一个新的空白文档。

2. 宽度和高度设置

　　"宽度"和"高度"选项用于设置新建文档的宽度和高度，❶用户可以直接在"宽度"和"高度"文本框中输入数值，❷然后单击右侧的单位下拉按钮，在打开的列表中选择合适的单位，❸单击"确定"按钮，即可创建文档，如下左图和下右图所示。

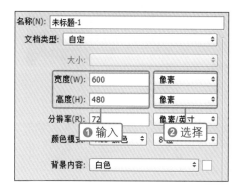

3. 指定新建文件的背景

　　"背景内容"选项主要用于设定新建文档的背景颜色，在"背景内容"的下拉列表中提供了"白色""背景色"和"透明"3 个选项，如下左图和下右图所示分别为选择"背景内容"为"背景色"和"透明"时创建的文档效果。

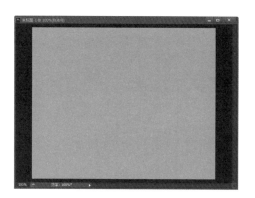

> **知识补充**
>
> 　　启动 Photoshop CC 后，按下快捷键 Ctrl+N，也可以打开"新建"对话框。Photoshop CC 提供的大量快捷键是其操作的精髓，用户应熟练掌握，这样能大大提高工作效率。

1.3.2　文件的打开

　　应用 Photoshop CC 处理图像之前，需要先将图像在软件中打开，这可以运用"打开"命令来实现。应用"打开"命令不但可以打开 Photoshop 专用的 PSD 格式文件，还可以打开多种其他格式的文件。

　　执行"文件 > 打开"菜单命令，❶在打开的对话框中单击选择需要打开的图像，❷单击底部的"打开"按钮，如下左图所示，❸即可将选择的图像打开，效果如下右图所示。

❸打开文件

1.3.3　文件的置入

"置入嵌入的智能对象"命令可以将新图像以智能对象的形式添加到已经打开的图像中。当新建或打开文件后，执行"文件 > 置入嵌入的智能对象"菜单命令，即可将图像置入到画面中。

打开一张素材图像，执行"文件 > 置入嵌入的智能对象"菜单命令，打开"置入嵌入对象"对话框，❶在对话框中选中需要置入的图像，❷单击"置入"按钮，如下左图所示，❸置入图像，如下右图所示。此时置入的图像周围出现变换编辑框，用于对其进行大小、角度等的调整，调整完毕后按 Enter 键确认。

❸置入图像

1.3.4　文件的关闭与存储

编辑完图像后，可以将图像存储于指定的文件夹中，再将存储好的图像关闭，便于查找和再次使用。在 Photoshop CC 中，利用"存储"和"存储为"菜单命令可存储图像，利用"关闭"菜单命令可以关闭存储的文件。

1. 存储文件

❶执行"文件 > 存储为"菜单命令，如下左图所示，打开"另存为"对话框，❷在对话框中输入文件名并指定存储格式，❸单击"保存"按钮，即可将图像存储，如下右图所示。

2. 关闭文件

❶执行"文件 > 关闭"菜单命令，如下左图所示。将弹出提示对话框，如下中图所示，❷单击对话框中的"否"按钮，可以不更改图像，❸直接将其关闭，如下右图所示。

1.4 图像的基本调整

在 Photoshop CC 中新建或打开文件后，就可以对图像进行基本的调整操作了。通过"图像"菜单中的各种命令，可以自动调整图像颜色、修改图像尺寸、编辑画布大小以及对图像进行简单的旋转操作。熟悉这些基本操作，能够为后面更深入的编辑工作做好准备。

1.4.1 自动调整图像颜色

Photoshop CC 的"图像"菜单中有 3 个自动调整图像的命令——"自动色调"命令、"自动对比度"命令和"自动颜色"命令。自动调整图像命令可以根据图像的色调、对比度等进行自动调整，使图像更加完美。

1. 自动色调

色调是指一幅作品的色彩外观的基本倾向，包括明度、纯度和色相 3 个要素。"自动色调"命令可以根据图像自身的色调来均匀化自动调整图像的明度、纯度和色相。如下图所示为应用"自动色调"命令校正图像的前后效果对比。

2. 自动对比度

"自动对比度"命令主要用于自动调整图像的对比度，调整后的图像高光区域将变得更亮，阴影区域将变得更暗。"自动对比度"命令的使用效果更适合于色调偏灰、明暗对比不强的图像。如下图所示为应用"自动对比度"命令校正图像的前后效果对比。

3. 自动颜色

"自动颜色"命令允许自定义阴影和高光的修剪百分比，并为阴影、中间调和高光指定颜色值，适用于快速修正图像的自然色彩。如左图所示为应用"自动颜色"命令校正图像的前后效果对比。

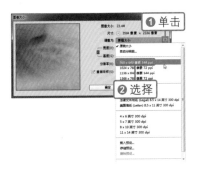
1.4.2　更改图像尺寸

利用"图像大小"命令可以查看并更改图像的尺寸、分辨率。执行"图像 > 图像大小"菜单命令，打开"图像大小"对话框。在对话框中进行设置时，只要更改了图像的尺寸，图像像素就会随之改变。

1. 预设

在"图像大小"对话框中可以使用预设的图像大小快速更改当前图像大小。❶单击"调整为"选项右侧的三角形按钮，❷在展开的下拉列表中即可看到软件预设的图像大小，在列表中选择"960×640 像素 144 ppi"选项，如下左图所示，❸选择后，下方的"宽度"和"高度"数值将自动进行调整，如下右图所示。

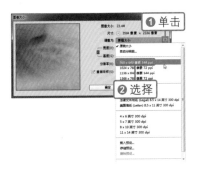

2. 限制长宽比

在"图像大小"对话框中，利用限制长宽比功能可以选择在调整图像尺寸时是否维持图像的宽度和高度比例。默认情况下，"限制长宽比"图标为选中状态，此时更改图像的宽度或高度中的任意一个数值，则软件会按照图像的原始长宽比自动计算并调整另一个数值。❶而若单击"限制长宽比"图标，则会取消限制长宽比功能，❷此时可以单独设置宽度和高度，如下左图所示。设置后图像可能会产生一定的变形，如下右图所示。

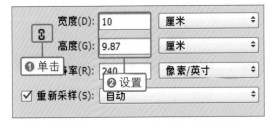

1.4.3 设置画布大小

利用"画布大小"命令可扩大或缩小图像的显示和操作区域。当扩大画布区域时，可用选择好的颜色填充扩展的区域；当缩小画布区域时，会将超出画布区域的图像裁剪掉。

1. 宽度和高度

执行"图像 > 画布大小"菜单命令，在弹出的"画布大小"对话框中输入"宽度"和"高度"值，可直接调整画布大小。当输入的数值小于原始图像数值时，将会打开如下左图所示的警示对话框，单击"继续"按钮将对图像进行裁剪，如下右图所示。

2. 相对

❶在"画布大小"对话框中勾选"相对"复选框，画布将会在原图像尺寸的基础上延展或收缩指定的尺寸。例如，❷在"高度"和"宽度"文本框中输入数值，如下左图所示，设置完后单击"确定"按钮，画布向外延展，图像周围将会添加指定颜色的边框，如下右图所示。

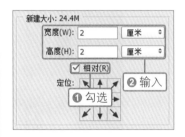

3. 定位

在"画布大小"对话框中"定位"选项右侧的九宫格中单击某个方块，可设置画布延展或收缩的方向。例如，单击"定位"选项右侧九宫格最右列中间的方块，设置向图像右边中点裁剪，如下左图所示。单击"确定按钮"裁剪画布，效果如下右图所示。

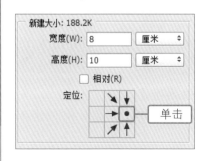

4. 扩展画布颜色

"画布扩展颜色"下拉列表用于设置画布扩展范围内的填充颜色。可以选择填充前景色、背景色、白色、黑色或灰色，也可选择"其他"选项，在弹出的"拾色器（画布扩展颜色）"对话框中自定义一种填充颜色。若单击选取"灰色"选项，如下左图所示，得到的图像效果如下右图所示。

1.4.4　图像的旋转

对图像进行旋转操作时，图像会与画布一同旋转，使得整个画面中的内容都能显示出来。执行"图像 > 图像旋转"菜单命令，在打开的子菜单中可以看到图像的旋转操作分为角度方式和镜像方式两类，如下左图所示。

让图像以角度方式旋转的命令包括"180 度""90 度（顺时针）""90 度（逆时针）""任意角度"，执行这些命令能将图像按设定的角度自动旋转。

让图像以镜像方式旋转的命令包括"水平翻转画布"和"垂直翻转画布"。执行"水平翻转画布"菜单命令的前后效果如下中图和下右图所示。

180 度(1)
90 度(顺时针)(9)
90 度(逆时针)(0)
任意角度(A)...

水平翻转画布(H)
垂直翻转画布(V)

> **知识补充**
>
> 结合工具箱中的"标尺工具"和"图像旋转"菜单下的"任意角度"命令，可以对倾斜的画面进行校正。

1.5　图像的常用编辑操作

利用"编辑"菜单中的命令可以对图像进行适当处理，编辑出各种所需效果。常用的图像编辑操作包括对图像进行剪切、复制、粘贴、变换与填充等。通过这些简单的操作可使图像内容更加丰富。

1.5.1　图像的剪切、复制与粘贴

"剪切"命令用于将选区中的图像裁剪到剪贴板，剪切后的部分显示为透明（对"背景"图层

则以背景色填充）；"拷贝"命令可以将选区中的图像复制到剪贴板中，同时原画面没有任何变化；"粘贴"命令是将用"剪切"和"拷贝"命令操作后复制的图像从剪贴板中粘贴出来。

1. 剪切图像

使用选区工具选取要剪切的图像，如下左图所示，执行"编辑 > 剪切"菜单命令，剪切图像，效果如下右图所示。

2. 粘贴图像

对图像进行剪切后，可以将剪切的图像粘贴至原图像或新图像中。执行"编辑 > 粘贴"菜单命令，如下左图所示，即可将剪切的图像粘贴至新图层中，如下右图所示。

3. 复制图像

使用选区工具选取要复制的图像，执行"编辑 > 拷贝"菜单命令，就可以拷贝选区中的图像，选区中的图像不会受到影响。此时执行"粘贴"命令即可将拷贝的图像粘贴至新图层中，粘贴图像效果如右图所示。

1.5.2　图像的变换

利用"变换"命令可以调整图像或路径的大小及形状等。在图像中选取需要变换的对象，执行"编辑 > 变换"菜单命令，在打开的子菜单中即可选择缩放、旋转、透视、变形等多种变换命令。选择变换命令后在对象周围将出现变换编辑框，用鼠标拖动变换编辑框的控点进行变换，完成后按 Enter 键确认变换，或者按 Esc 键取消变换。

在选取需要变换的对象后，还可按下快捷键 Ctrl+T 打开变换编辑框，如下左图所示。右击编辑框中的图像，在弹出的快捷菜单中选择需要的变换命令，如"变形"命令，如下中图所示。再用鼠标拖动变换编辑框对图像进行变形，如下右图所示。

1.5.3 图像的填充

应用"填充"命令，可在选区或整个图层内填充指定的颜色或图案纹理，丰富画面内容。执行"编辑 > 填充"菜单命令，即可打开"填充"对话框，在对话框中可以选择填充内容，并为填充内容设置填充模式等。

1. 指定填充内容

在"填充"对话框内的"内容"下拉列表中可选择用于填充的内容，包括前景色、背景色、颜色、

图案、黑色、50% 灰色等。选择不同的内容后，下方会出现不同的选项，供用户进一步设定。例如，选择"内容"为"图案"后，下方出现图案的相关选项，❶单击"自定图案"下拉按钮，❷在展开的面板中选择一种图案进行填充，如右图所示。

 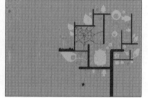

2. 设置填充内容的混合模式

在"填充"对话框中，"混合"选项组中的"模式"选项可设置填充内容的混合模式。若勾选"保留透明区域"复选框，则不会对图层的透明区域填充颜色。如右图所示分别为设置混合模式为"正片叠底"和"滤色"后的填充效果。

3. 设置填充内容的不透明度

在"填充"对话框中，在"不透明度"文本框中输入数值可以调整填充内容的不透明度，输入的数值越小，填充的效果就越淡。如右图所示为运用不同的不透明度填充图像后的对比效果。

1.5.4 图像的描边

"描边"命令用于在选区外添加轮廓线。在图像中创建选区或在"图层"面板中选取需要描边的对象后，执行"编辑 > 描边"菜单命令，在打开的"描边"对话框中，用户可以指定描边线条的粗细、颜色、位置和不透明度等。

1. 设置描边粗细

在"描边"对话框中，可以利用"宽度"选项来控制描边线条的粗细，可以输入 1 ~ 250 像素之间的任意整数，输入的数值越大，产生的描边效果就越明显，如右图所示分别为将描边"宽度"设置为"5 像素"和"15 像素"时小鸟图形的描边效果。

2. 指定描边颜色

单击"描边"对话框中"颜色"后方的颜色块，将打开"拾色器（描边颜色）"对话框。在对话框中可选择任意颜色为图像进行描边，如下左图所示，设置颜色后单击"确定"按钮，描边效果如下右图所示。

3. 调整描边位置

图像的描边位置包括内部、居中和居外三种。选择"内部"时，将会在选区边缘的内部进行描边，如下左图所示；选择"居中"时，将在选区边缘的中间描边；选择"居外"时则在选区边缘的外部进行描边，如下右图所示。

1.6 常用辅助工具

在对图像进行编辑的过程中，常常会使用到一些辅助工具来浏览图像效果。通过对画面中颜色的吸取以及计数处理，处理图像的过程会更加得心应手。Photoshop CC 中常用的辅助工具包括"缩放工具""抓手工具""吸管工具""计数工具"。这些工具默认位于工作界面左侧的工具箱中。

1.6.1 缩放工具

运用"缩放工具" 可在编辑图像过程中对图像进行任意的放大或缩小显示，便于用户更加清晰地查看图像的整体效果或某个细节部分。

利用"缩放工具"缩放图像时，可以使用选项栏中的"放大"按钮 或"缩小"按钮 来切换是放大图像还是缩小图像。打开一幅图像，如下左图所示，选择"缩放工具"后在画面中单击若干次，分别放大或缩小图像后的对比效果如下中图和下右图所示。

1.6.2 抓手工具

"抓手工具" 用于随意移动图像，调整图像的显示范围。使用 Photoshop 处理图片时，如果设置的图像显示比例较大，图像就会超出屏幕，此时图像窗口右侧和底部会出现滚动条，拖动滚动条可以调整图像在窗口中的显示区域，但操作起来很不方便，使用"抓手工具"则会灵活很多。

打开一幅图像，如下左图所示，执行"视图 >100%"菜单命令，如下中图所示，将图像以实际像素大小进行显示。选择"抓手工具"，将鼠标移至图像中，单击并拖曳即可移动图像，调整显示区域，如下右图所示。

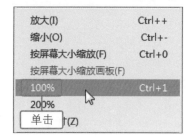

1.6.3　吸管工具

应用"吸管工具" 可以在"信息"面板中显示各个像素的颜色值。选择"吸管工具"后，在选项栏中的"取样大小"下拉列表框中可以设置所选颜色的平均值，通过"样式"选项可以设置吸管工具是对所有图层还是对当前图层中的图像进行颜色取样。

如下左图所示，打开一幅素材图像，打开"信息"面板，选中"吸管工具"并将鼠标移至图像中，如下中图所示。在"信息"面板中将会显示鼠标指针所在位置的详细信息，如下右图所示。

1.6.4　计数工具

"计数工具" 主要用于记录图像处理中需要的一些信息，选择该工具后在画面中单击即可按数字顺序出现计数标记。在"吸管工具"的隐藏菜单中选择"计数工具"，在选项栏中可看到用于数字计数的选项，如查看计数个数和调整计数颜色等。

运用"计数工具"选项栏中的"计数组颜色"能够对计数标记颜色进行设置。单击颜色块打开"拾色器（计数颜色）"对话框，如下左图所示，在对话框中设置颜色值后，在图像中计数前后的对比效果如下中图和下右图所示。

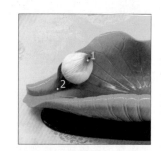

> **知识补充**
>
> 在"计数工具"选项栏中，通过"标记大小"和"标签大小"选项可调整计数标记和标签的大小，设置的数值越大，计数标记和标签就越明显。

实例01　在打开的文件中置入新的图像

将图像置入到打开的文件中，再调整置入图像的大小和位置，可让画面内容更加丰富。在置入图像后，还可以结合工具和菜单命令对置入图像做进一步调整，以适合整个画面效果。

◎ **原始文件**：随书资源 \ 素材 \01\01.jpg、02.jpg

◎ **最终文件**：随书资源 \ 源文件 \01\ 在打开的文件中置入新的图像 .psd

01 打开原始文件"01.jpg"，选中"背景"图层，然后将该图层拖至"创建新图层"按钮■上，选择复制得到的"背景 拷贝"图层，如下图所示。

02 选择图层后，执行"图像>自动颜色"菜单命令，可以快速校正图像颜色，效果如下图所示。

03 ❶执行"文件>置入嵌入的智能对象"菜单命令，在打开的"置入嵌入对象"对话框中单击选择"02.jpg"图像，❷单击"置入"按钮，置入图像，创建智能图层，如下图所示。

04 置入的图像周围自动出现变换编辑框，将鼠标移至角点位置，当鼠标指针变为双向箭头时，拖曳鼠标，如下左图所示，缩小图像，确认缩放尺寸及位置后，按下Enter键确认，如下右图所示。

05 将当前图层载入选区，创建"照片滤镜1"调整图层，❶选择"加温滤镜（81）"，❷设置"浓度"为36%，如下图所示。

06 创建"色彩平衡1"调整图层，❶选择色调为"中间调"，❷设置颜色值为+20、-7、-33，修饰人物图像的颜色，效果如下图所示。

07 再次将当前图层载入选区，新建"图层1"图层，执行"编辑>描边"菜单命令，打开"描边"对话框，❶设置"宽度"为"10像素"，颜色为白色，❷单击"确定"按钮，描边图像，如下图所示。

08 选中"02"及其上方所有图层，按下快捷键Ctrl+Alt+E，盖印选中图层，得到"图层1（合并）"图层，如下图所示。

09 双击盖印后的图层，打开"图层样式"对话框，在对话框中勾选"投影"复选框，设置"不透明度"为"37%"、"角度"为"148"、"距离"为"1"、"大小"为"18"，确认设置后为图像添加投影效果，如下图所示。

> **技巧提示** 复制图层
>
> 当需要复制图层时，也可以选中图层，再按快捷键 Ctrl+J。

10 复制"图层1（合并）"图层，按下快捷键Ctrl+T打开变换编辑框，调整图像角度，然后结合"画笔工具"和"横排文字工具"修饰整个画面，如下图所示。

实例02　复制并变换图像

本实例中，通过对不同图像的整体或部分进行复制，将多个图像合并到一幅图像中，再结合"移动"和"变换"功能，组合成新的画面。

◎ 原始文件：随书资源 \ 素材 \01\03.jpg

◎ 最终文件：随书资源 \ 源文件 \01\ 复制并变换图像 .psd

01 打开原始文件，❶单击工具箱中的"矩形选框工具"按钮，如下左图所示，❷沿着人物头部绘制选区，如下右图所示。

❶ 单击　❷ 绘制

02 ❶执行"编辑>拷贝"菜单命令，复制选区内的图像，如下左图所示。❷执行"编辑>粘贴"菜单命令，粘贴拷贝的图像，如下右图所示，得到"图层1"图层。

编辑(E) 图像(I) 图层(L) 文字(Y) 选择		编辑(E) 图像(I) 图层(L) 文字(Y) 选择	
还原选择画布(O)	Ctrl+Z	重做粘贴(O)	Ctrl+Z
前进一步(W)	Shift+Ctrl+Z	前进一步(W)	Shift+Ctrl+Z
后退一步(K)	Alt+Ctrl+Z	后退一步(K)	Alt+Ctrl+Z
渐隐(D)...	Shift+Ctrl+F	渐隐(D)...	Shift+Ctrl+F
剪切(T)	Ctrl+X	剪切(T)	Ctrl+X
拷贝(C)	Ctrl+C	❷单击 拷贝(C)	Ctrl+C
合并拷贝(Y)	Shift+Ctrl+C	合并拷贝(Y)	Shift+Ctrl+C
❶单击	Ctrl+V	粘贴(P)	Ctrl+V
		选择性粘贴(I)	▶
清除(E)		清除(E)	

03 单击"移动工具"按钮，移动粘贴后的图像，如下左图所示。按下快捷键Ctrl+T，打开变换编辑框，调整图像大小，如下右图所示。

移动

04 单击"圆角矩形工具"按钮，❶在人物图像上方绘制一个稍小的白色圆角矩形，如下左图所示。执行"图层>栅格化>形状"命令，栅格化"圆角矩形1"图层，❷修改图层名为"图层2"，将"图层2"载入选区，如下右图所示。

❶ 绘制

❷ 按住Ctrl键单击

图层 2

05 隐藏"图层2"图层，选中"图层1"图层，❶单击"图层"面板中的"添加图层蒙版"按钮，❷添加图层蒙版，如下左图所示，隐藏选区外的人物图像，如下右图所示。

❷ 添加蒙版

❶ 单击

技巧提示　用菜单命令载入选区

选中图层，执行"选择 > 载入选区"命令，也可将该图层载入至选区中。

06

双击"图层1"图层，打开"图层样式"对话框，勾选"描边"复选框，❶设置颜色为白色，❷"大小"为9，单击"确定"按钮，如下图所示。

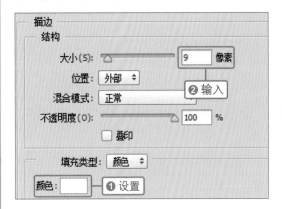

07

执行"编辑>变换>旋转"菜单命令，打开变换编辑框，将鼠标移至编辑框右上角，当鼠标指针变为折线箭头↰时，拖曳鼠标，如下左图所示，旋转图像，效果如下右图所示。

08

在"图层"面板中选中"图层1"图层，执行"图层>复制图层"菜单命令，复制图层，创建"图层1拷贝"图层，如下左图所示，再调整图层中的图像位置，如下右图所示。

09

❶执行"编辑>变换>旋转"菜单命令，如下左图所示，❷将鼠标移至变换编辑框的角点位置，当鼠标指针变为折线箭头时，拖曳鼠标，旋转图像，如下右图所示。

10

单击工具箱中的"横排文字工具"按钮T，❶打开"字符"面板，在面板中调整文字属性，如下左图所示，❷然后在画面中单击，输入文字，如下右图所示。

11

继续结合"横排文字工具"和"字符"面板，为画面添加更多文字，如下图所示。

实例03 设置填充更改画面颜色

不同颜色会使图像展现出不同的意境效果。在 Photoshop CC 中，可以通过为图像填充颜色的方式，更改画面的整体色调，使图像更有意境。

◎ 原始文件：随书资源 \ 素材 \01\04.jpg、文字笔刷 .abr

◎ 最终文件：随书资源 \ 源文件 \01\ 设置填充更改画面颜色 .psd

01 打开原始文件，选择"背景"图层，执行"图层>复制图层"菜单命令，复制图层，如下图所示。

02 选择"背景 拷贝"图层，设置混合模式为"正片叠底"、"不透明度"为50%，设置后的效果如下图所示。

03 单击工具箱中的"设置前景色"按钮，打开"拾色器（前景色）"对话框，设置颜色值为R53、G22、B95。新建图层，按下快捷键Alt+Delete，用设置的前景色填充图像，如下图所示。

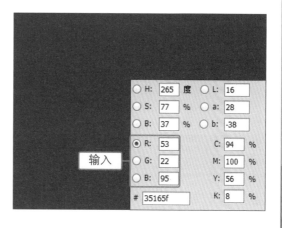

04 ❶在"图层"面板中选择"图层1"图层，❷设置图层混合模式为"颜色"、"不透明度"为100%，变换画面的色调，效果如下图所示。

05 单击"图层"面板下方的"创建新的填充或调整图层"按钮，在弹出的列表中单击"曲线"选项，创建"曲线1"调整图层。❶具体设置如下左图所示。再新建"色阶1"调整图层，❷选择"增加对比度1"选项，具体设置如下右图所示，增强对比效果。

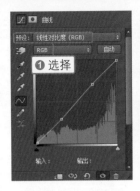

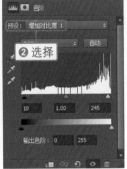

06 单击工具箱中的"画笔工具"按钮🖌，❶在"画笔预设"选取器中载入"文字笔刷.abr"，选择合适的画笔，❷新建图层，在画面中单击，添加文字，如下图所示。

技巧提示 自动校正图像

单击"曲线"调整图层"属性"面板中的"自动"按钮，可以快速校正图像的明暗。

实例04　裁剪图像重新构图

处理图像时常会对图像进行适当的裁剪，去掉多余的部分，让画面变得整洁，同时也能更好地突出主体对象。在 Photoshop CC 中，使用裁剪工具可以快速裁剪图像，更改画面的构图效果。

◎ 原始文件：随书资源 \ 素材 \01\05.jpg

◎ 最终文件：随书资源 \ 源文件 \01\ 裁剪图像重新构图 .psd

01 打开原始文件，❶单击工具箱中的"透视裁剪工具"按钮，❷在图像中单击并拖曳鼠标，绘制裁剪框，如下图所示。

02 右击裁剪框中的图像，在打开的快捷菜单中执行"裁剪"命令，裁剪图像，如下图所示。

03 创建"自然饱和度1"调整图层，❶在打开的"属性"面板中设置"自然饱和度"为"+35"、❷"饱和度"为"+18"，设置后的图像效果如下图所示。

第2章　选区的创建与编辑

选区用于指定 Photoshop CC 中各种功能和图像效果的作用范围，因此，在图像中准确地创建选区是非常重要的。Photoshop CC 提供了创建各种选区的工具，在创建选区后还可以利用菜单命令对选区进行编辑。

2.1 ▶ 规则选区的创建

利用最基本的规则选区创建工具，可以快速地创建几何形状的选区。单击工具箱中的"矩形选框工具"按钮，并按住鼠标不放，将会显示其他隐藏的选框工具，包括"椭圆选框工具""单行选框工具""单列选框工具"。这四个工具分别用于创建矩形选区、椭圆形选区、单行选区、单列选区。

2.1.1 矩形选框工具

单击工具箱中的"矩形选框工具"按钮▦，然后在图像中的适当位置单击并拖曳鼠标，即可绘制出一个矩形选区。若开始拖曳后按下 Shift 键不放，可绘制出一个正方形选区。

1. 绘制和添加选区

在选框工具选项栏中可以对绘制选区的方式进行设置，即新选区、添加到选区、从选区减去及与选区交叉。默认选中"新选区"按钮▦，表示每次绘制新选区时，原选区将消失。单击"添加到选区"按钮▦，可将新绘制的选区与原选区相加，如右图所示。

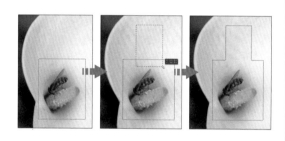

2. 减去和交叉选区

单击"从选区减去"按钮▦，可在原选区中减去新选区部分，如下左图所示；单击"与选区交叉"按钮▦，可保留新选区和原选区的相交部分，如下右图所示。

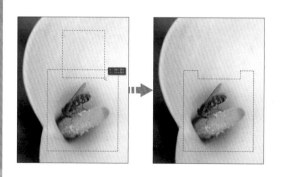
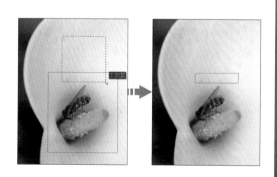

3. 通过"羽化"选项调整选区

选项栏中的"羽化"选项通过建立选区和选区周围的像素之间的转换来模糊边缘。通过输入 0 ～ 255 之间的整数来控制羽化程度，参数越大羽化程度就越大，选区边缘就越模糊。在默认情况下羽化值为 0 像素，此时不会产生羽化效果，分别将"羽化"值设置为 30 像素和 80 像素后绘制选区的对比效果如下左图所示。

4. 选择不同的样式编辑选区

选项栏中的"样式"列表用于设置绘制选区的形状，在下拉列表中可以选择"正常""固定比例""固定大小"三种样式。"正常"为默认状态的样式，通过拖曳鼠标可以随意控制绘制选区的大小；选择"固定比例"样式后，在"宽度"和"高度"文本框中输入数值可控制绘制选区的宽高比例；选择"固定大小"样式后，通过输入"宽度"和"高度"值，可以绘制固定大小的矩形选区，如下右图所示。

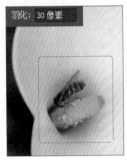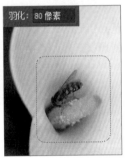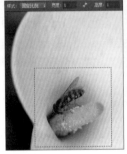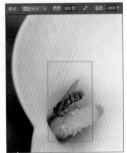

5. 调整选区边缘

选项栏中的"调整边缘"按钮用于调整选区边缘。在图像中绘制一个矩形选区，单击"调整边缘"按钮，❶在打开的"调整边缘"对话框中进行设置，❷设置后的效果如右图所示。从 Photoshop CC 2015.5 开始，"调整边缘"按钮升级为"选择并遮住"按钮，单击该按钮将进入"选择并遮住"工作区，同样可以对选区进行精细的调整，以更精确地选中图像。

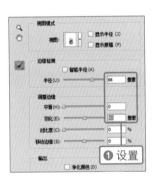

2.1.2 椭圆选框工具

"椭圆选框工具"用于创建圆形或椭圆形的选区。按住工具箱中的"矩形选框工具"按钮 不放，在打开的隐藏工具中选择"椭圆选框工具"，然后在图像中单击并拖曳鼠标，即可绘制出椭圆形选区。若开始拖曳后按下 Shift 键不放，可绘制出一个正圆形选区。

"椭圆选框工具"选项栏中的"样式"选项可以调整选区的创建样式，如下左图所示。如下中图和下右图所示为选取不同样式绘制的选区效果。

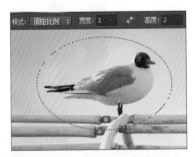

2.1.3 单行/单列选框工具

　　"单行选框工具"可以创建一条 1 像素高的横线选区，"单列选框工具"可以创建一条 1 像素宽的竖线区域。选择工具箱中的"单列选框工具"或"单行选框工具"，在图像中需要创建选区的位置单击，即可创建单行或单列选区。可以将这两个工具结合起来使用，绘制规则的选区效果。

1. 绘制单行选区

　　单击工具箱中的"单行选框工具"按钮▬，在图像中单击，创建一行选区，如下左图所示。单击选项栏中的"添加到选区"按钮▣，连续在图像中单击，即可创建更多选区，如下右图所示。

2. 绘制单列选区

　　单击工具箱中的"单列选框工具"按钮▮，在图像中单击，创建一列选区，如下左图所示。按下 Shift 键不放，连续在图像中单击，即可创建更多选区，如下右图所示。

> **知识补充**
>
> 　　在图像上创建选区之前，可以先在工具选项栏中对"羽化"选项进行设置，设置后，所绘制的选区边缘会变得更柔和。

2.2 ▶ 任意选区的创建

　　规则选框工具只能创建出简单的规则选区，要创建出复杂、多变的选区时就需要应用不规则选区工具。使用不规则选区工具可以绘制出任意形状的选区，比如在人物照片中沿人物绘制选区、沿棱角分明的建筑物绘制选区等。Photoshop CC 提供了"套索工具""多边形套索工具""磁性套索工具""快速选择工具""魔棒工具"等不规则选区的创建工具，使用这些工具即可快速创建不规则选区。

2.2.1 套索工具

　　"套索工具"可以在图像中自由地手动绘制出一个不规则的选区。在工具箱中单击"套索工具"按钮 ℘，然后在需要选取的地方单击并按住鼠标沿对象边缘进行拖曳绘制，释放鼠 标时，虚线的起点和终点会自动连接并形成一个封闭选区。

　　打开一幅素材图像，在工具箱中选中"套索工具"，在图像中单击并拖曳鼠标，如下左图所示，即可创建选区，如下中图所示。若单击选项栏中的"选取计算方式"按钮，则可添加或减去选区，创建的选区会更加符合设计要求。单击"添加到选区"按钮▣创建的选区效果如下右图所示。

2.2.2　多边形套索工具

　　"多边形套索工具"可以在图像中手动创建多边形选区。选择"多边形套索工具"，用鼠标在需要选取的图像边缘连续单击绘制出一个多边形，双击鼠标闭合多边形并形成选区。

　　"多边形套索工具"主要针对棱角分明的多边形对象进行选择。按住工具箱中的"套索工具"按钮不放，在打开的隐藏工具中即可选中"多边形套索工具"，如下左图所示。利用该工具创建选区的前后对比效果如下中图和下右图所示。

> **知识补充**
>
> 　　使用"多边形套索工具"在图像中创建选区时，若勾选选项栏中的"消除锯齿"复选框，则可以去除选区边缘的锯齿效果。

2.2.3　磁性套索工具

　　"磁性套索工具"能够快速选择边缘与背景色彩反差较大的图像，二者反差越大，选取的图像就越准确。单击工具箱中的"磁性套索工具"按钮，然后在需要选取的对象的某一处上单击，沿对象边缘拖动鼠标即可自动创建带锚点的路径，双击鼠标或在终点与起点重合时单击，就会自动创建一个闭合选区。

1. 调整宽度更精确查找边缘

　　"宽度"选项用来检测选区的范围，以当前鼠标指针所在的点为标准，在设置的范围内可以查找反差最大的边缘在哪里。设置的"宽度"值越小，创建的选区越精确，分别设置"宽度"为 10 像素和 100 像素时的对比效果如右图所示。

2. 使用"频率"选项更改锚点密度

"频率"选项用于设置生成锚点的密度。在拖曳鼠标时会自动生成正方形的锚点，设置的值越大，生成的锚点就越多，选取的图像就越精确。如右图所示分别为设置"频率"为"100"和"1"时拖曳出的路径效果。

2.2.4　快速选择工具

"快速选择工具"是以画笔的形式出现的，能够对不规则对象进行快速选择。在创建选区时，可根据选择对象的范围调整画笔的大小，从而更有利于准确地选取对象。单击工具箱中的"快速选择工具"按钮，显示对应的工具选项栏。

1. 设置选取方式

"快速选择工具"选项栏中有"新选区""添加到选区""从选区中减去"三种选取方式。默认情况下选择"新选区"方式。单击图像出现选区后，如下左图所示，系统将会自动切换至"添加到选区"方式，并在画笔中间出现一个"+"号，此时单击图像可扩大选择范围，如下中图所示；单击"从选区减去"按钮，在画笔中间会出现一个"-"号，此时在已创建的选区上单击就可减小选择范围，如下右图所示。

2. 调整画笔大小

单击画笔右侧的倒三角按钮可打开"画笔预设"选取器。在"画笔预设"选取器中可以调整画笔笔触大小、硬度、间距及角度等。使用"快速选择工具"创建选区时，画笔的大小将决定选取范围的大小，设置的参数值越大，所选择的范围就越广，如下左图和下右图所示为分别设置画笔"大小"为"60"和"185"时所创建的选区效果。

> **知识补充**
>
> 在图像中使用"快速选择工具"创建选区时，可通过快捷键快速地放大或缩小画笔，按下 [键将缩小画笔，按下] 键将放大画笔。

2.2.5 魔棒工具

"魔棒工具"可通过单击图像进而选中画面中与单击处的色彩相似的区域，并可通过调整选择方式和容差值等选项来控制选取范围的大小。此工具适用于对颜色较为单一的图像进行选取，图像内含颜色越单一，所选取的对象范围就会越精确。

"魔棒工具"选项栏中的"容差"值大小直接决定了选择范围的大小，设置的"容差"值越大，选取范围就越大。在工具箱中单击"魔棒工具"按钮 ，如下左图所示，然后分别在选项栏中设置"容差"值为"32"和"80"，单击图像创建选区，创建的选区范围的对比效果如下中图和下右图所示。

2.3 创建选区的其他方法

在 Photoshop CC 中不仅可以利用各种工具创建选区，还可以利用其他的方法创建选区，例如使用"色彩范围"命令创建选区或使用快速蒙版创建精细的选区等。

2.3.1 根据色彩范围选取图像

运用"选择"菜单中的"色彩范围"命令，可根据图像中的某一特定颜色区域创建选区。执行"选择 > 色彩范围"菜单命令，打开"色彩范围"对话框，在对话框中可根据颜色区域进行选择，并且还能通过调整选项更精确地选择图像。

1. 选择预设范围

打开一张素材图像，如下左图所示，执行"选择 > 色彩范围"命令，打开"色彩范围"对话框，❶单击"选择"右侧的下三角按钮，❷在打开的下拉列表中选择需要的颜色，如红色、黄色、绿色等，这里选择"洋红"，如下中图所示，在图像中创建选区，效果如下右图所示。

2. 颜色容差

在"选择"下拉列表中选择"取样颜色"模式，通过调整"颜色容差"柔化选区边缘，设置的参数值越大，选择的颜色就越多，选区范围就越大，反之，参数越小，选取的颜色就越少，选区范围就越小。如下左图和下右图所示为设置不同容差时的选择范围效果展示。

3. 吸管工具

在"色彩范围"对话框中共有 3 个吸管工具，分别为"吸管工具""添加到取样"和"从取样中减去"，使用这些工具可以在选区范围内添加或减去颜色，如下左图、下中图和下右图所示分别为单击上述 3 个按钮时，预览框中的选择范围。

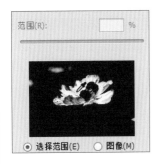
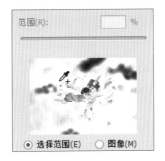
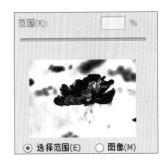

4. 选区预览

"选区预览"选项可以设置选区的预览方式，单击下拉按钮，在打开的下拉列表中可选择"无""灰度""黑色杂边""白色杂边""快速蒙版"等选项，如下左图、下中图和下右图所示为选择不同的预览方式时的图像效果。

> **知识补充**
>
> 利用缩览图下方的"选择范围"和"图像"单选按钮，可以设置查看选区的方式。选择"选择范围"方式时，将以蒙版的方式查看选区，可以直接查看选区的范围；选择"图像"方式时，将直接查看原图像效果。

2.3.2　利用快速蒙版选取图像

利用快速蒙版可以在图像中的任意区域创建选区。在快速蒙版编辑模式下，用 Photoshop CC 提供的绘图工具在图像上涂抹，被涂抹过的区域就会出现半透明的红色蒙版，退出蒙版后即可将蒙版外的区域创建为选区。

双击工具箱中的"以快速蒙版模式编辑"按钮，即可打开"快速蒙版选项"对话框，如下左图所示，在对话框中可以对蒙版的色彩指示范围及颜色进行设置，如下中图所示为默认显示蒙版颜色为红色的效果，如下右图所示为更改蒙版颜色为蓝色的效果。

2.4 选区的编辑

在图像中创建选区后，还可以利用菜单命令对选区做进一步的编辑与设置。Photoshop CC 对选区进行编辑主要通过"选择"菜单中的命令来完成，使用"选择"菜单中的命令可以完成选区的选择、修改、存储等操作。

2.4.1 全选与取消选择

在编辑图像的过程中经常会使用"全选"和"取消选择"操作。执行"选择 > 全部"命令选中全部图像，可以创建与图像相同大小的选区；当完成选区内图像的编辑后，执行"选择 > 取消选择"命令，即可取消选区。

打开一张素材图像，执行"选择 > 全部"命令，选中全部图像，创建选区，如下左图所示；执行"选择 > 取消选择"命令，则取消选中对象，如下右图所示。

2.4.2 反选选区

利用"反选"命令可以反转选区，即将原选区以外的部分创建为选区。在反选选区前，需要利用选区工具在画面中创建一个选区，否则位于"选择"菜单下的"反选"命令将显示为灰色，不可使用。

打开素材图像，使用"套索工具"在画面中绘制选区，如下左图所示。执行"选择 > 反选"菜单命令，如下中图所示，执行命令后将选区进行反向选取，如下右图所示。

2.4.3 修改选区

利用"修改"命令可以对选区进行修改,包括修改选区边界、平滑选区、扩展选区和收缩选区等。创建选区后,执行"选择>修改"菜单命令,在打开的子菜单下即可选择相应的命令进行选区的修改。

1. 边界

"边界"命令用于设置选区的边界显示效果。如下左图所示,在图像中运用选区工具创建选区,执行"选择>修改>边界"菜单命令,打开"边界选区"对话框,❶在对话框中指定边界宽度,如下中图所示,❷设置后单击"确定"按钮,已有选区中就会添加边界效果,如下右图所示。

2. 平滑

运用"平滑"命令可将选区边缘变得柔和。在图像中创建选区后,执行"选择>修改>平滑"菜单命令,即可打开"平滑选区"对话框,在对话框中设置参数,平滑选区后效果如右图所示。

3. 扩展与收缩

"扩展"命令用于对选区进行扩大。在图像中创建选区后,执行"选择>修改>扩展"菜单命令,即可打开"扩展选区"对话框,在对话框中设置参数,扩大选区,如下左图所示。"收缩"命令与"扩展"命令相反,用于对选区进行缩小,执行"选择>修改>收缩"菜单命令,打开"收缩选区"对话框,在对话框中设置参数,单击"确定"按钮,即可收缩选区,如下右图所示。

4. 羽化

"羽化"命令用于柔化选区边缘，使选区边缘显示出模糊效果。执行"选择 > 修改 > 羽化"菜单命令，即可打开"羽化选区"对话框，在对话框中设置"羽化半径"控制羽化范围。输入的"羽化半径"值越大，得到的选区边缘就越柔和。输入"羽化半径"值为50，单击"确定"按钮，羽化选区，效果如右图所示。

2.4.4 存储与载入选区

利用"存储选区"和"载入选区"命令，可以将创建的选区存储或载入至新图像中。执行"选择 > 存储选区"命令，可以将创建的选区加以存储，然后执行"选择 > 载入选区"命令，则可以将存储的选区重新载入到图像中。

1. 存储选区

在图像中创建一个选区，如下左图所示。再执行"选择 > 存储选区"菜单命令，打开"存储选区"对话框，❶在对话框中指定选区的名称、通道等，❷设置完成后单击"确定"按钮存储选区，如下右图所示。

2. 载入选区

在"图层"面板中将需要载入选区的图层选中，执行"选择 > 载入选区"菜单命令，打开"载入选区"对话框，如下左图所示，在对话框中根据选择的文档、图层，将该图层中的对象以选区方式载入，如下右图所示。

实例01　选择规则图像制作信纸

本实例将以一张简单的素材图像为基础，通过创建规则选区并填充颜色制作出横线效果，同时利用图层样式、调整图层等对画面进行修饰，打造出漂亮的信纸效果。

◎ 原始文件：随书资源 \ 素材 \02\01.jpg

◎ 最终文件：随书资源 \ 源文件 \02\ 选取规则图像制作信纸 .psd

01 打开原始文件，如下左图所示。❶复
制"背景"图层，❷设置图层混合模
式为"正片叠底"，如下右图所示。

02 为"背景 拷贝"图层添加图层蒙版，
选择"渐变工具"，在选项栏中选择
"黑，白渐变"，然后在图像中从下往上拖曳
鼠标创建渐变，如下左图所示，使画面层次更
加分明，效果如下右图所示。

03 单击"调整"面板中的"通道混合
器"按钮，打开"属性"面板，
❶在面板中选择"蓝"通道，❷设置颜色比
为-15%、+2%、+93%，如下图所示，修饰图
像色调。

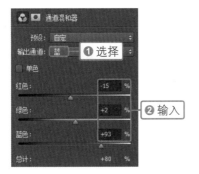

04 按下快捷键Shift+Ctrl+Alt+E，盖印所
有可见图层，得到"图层1"图层，

如下图所示。

05 选择"矩形选框工具"，沿着图像
边缘绘制选区，如下左图所示，再
单击选项栏中的"从选区减去"按钮，继续
在已有选区内绘制，减小选区范围，如下右图
所示。

06 新建"图层2"图层，设置前景色为
R215、G213、B198，如下左图所
示，确保"图层2"图层为选中状态，按下快捷
键Alt+Delete，为选区填充设置的前景色，如下
右图所示。

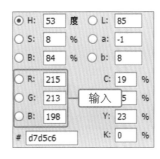

07 双击"图层2"图层，打开"图层样
式"对话框，勾选"纹理"复选框，
❶然后在对话框右侧选择一种纹理，❷并设置
纹理选项，设置后单击"确定"按钮，为图层
中的对象添加上纹理效果，如下图所示。

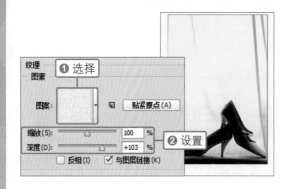

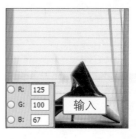 

08 ❶在"图层"面板中选中"图层2"图层，❷设置图层混合模式为"变暗"、"不透明度"为50%，如下左图所示，设置后的图像效果如下右图所示。

11 单击工具箱中的"设置前景色"按钮，打开"拾色器（前景色）"对话框，❶设置前景色为R231、G186、B118，如下左图所示。选择"自定形状工具"，在选项栏中选择模式为"像素"，❷在"形状"拾色器中选择"花1"形状，如下右图所示。

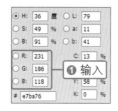 

09 选择工具箱中的"单行选框工具"，在画面中单击，创建选区，如下左图所示。按下Shift键不放，连续在图像中单击，绘制更多单行选区，效果如下右图所示。

12 新建"图层4"图层，使用"自定形状工具"在图像左上角绘制简单的花朵效果，如下图所示。

10 在"图层"面板中新建"图层3"图层，设置前景色为R125、G100、B67，按下快捷键Alt+Delete，为选区填充颜色，如下左图所示。为选区填充颜色后，使用"橡皮擦工具"将多余线条擦除，擦除后的图像效果如下右图所示。

13 ❶新建"图层5"图层，❷设置图层"不透明度"为50%，如下左图所示，继续绘制花朵图案。❸使用"横排文字工具"在图像中添加文字，修饰版面效果，如下右图所示。

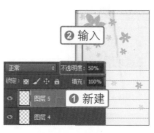 

实例02　抠取图像合成新画面

　　本实例使用"快速选择工具"选取素材中的部分图像，并将其从原画面中抠取出来，再添加到新的背景图像中，呈现出全新的视觉效果。

◎ 原始文件：随书资源 \ 素材 \02\02.jpg、03.jpg
◎ 最终文件：随书资源 \ 源文件 \02\ 抠取图像合成新画面 .psd

01　打开原始文件"02.jpg"，使用"快速选择工具"为小狗图像创建选区。打开"羽化选区"对话框，❶设置参数，❷单击"确定"按钮，如下图所示。

02　设置完羽化值后，在图像窗口中查看羽化后的选区效果，如下图所示。

03　打开原始文件"03.jpg"，将小狗图像拖入新画面中，按下Ctrl键单击小狗图像所在图层缩览图，载入选区。执行"选择>修改>收缩"菜单命令，打开"收缩选区"对话框，❶输入"收缩量"为"1"，❷单击"确定"按钮，收缩选区，如下图所示。

04　执行"图层>图层样式>投影"菜单命令，打开"图层样式"对话框，❶设置"不透明度"为44%，❷"距离"为5像素，❸"大小"为9像素，单击"确定"按钮，为小狗图像添加投影效果，如下图所示。

05　在"图层"面板中选择"图层1"图层，执行"图层>复制图层"菜单命令，得到"图层1拷贝"图层，复制后的效果如下图所示。

08 ❶右击"图层1拷贝"图层下方的图层样式，❷在打开的快捷菜单中执行"创建图层"命令，如下左图所示，❸将图层样式创建为一个新的图层，如下右图所示。

技巧提示 复制图层

单击"图层"面板中的扩展按钮 ，在打开的面板菜单中执行"复制图层"命令，也可复制图层。

技巧提示 隐藏图层样式列表

当在图层中添加了多个图层样式时，可以单击该图层右侧的倒三角按钮，将图层样式列表隐藏。

06 执行"滤镜>模糊>高斯模糊"菜单命令，打开"高斯模糊"对话框，❶设置"半径"为2.0像素。❷设置完成后单击"确定"按钮，模糊图像，效果如下图所示。

09 选中"'图层1拷贝'的投影"图层，按下快捷键Ctrl+T，打开变换编辑框，如下左图所示。右击编辑框中的图像，在打开的快捷菜单中执行"斜切"命令，如下右图所示，拖曳编辑框的控点，调整投影。

07 选择工具箱中的"渐变工具"，❶在选项栏中选择"前景色到透明渐变"选项，❷为"图层1拷贝"图层添加图层蒙版，使用"渐变工具"为蒙版添加渐变效果，如下图所示。

10 创建"色彩平衡1"调整图层，❶在打开的"属性"面板中选择"阴影"色调，❷设置颜色为+15、0、-45，如下左图所示，❸再选择"中间调"色调，❹设置颜色为+44、0、-61，如下右图所示。

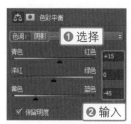 

11 继续设置"色彩平衡"选项，❶选择"高光"色调，❷设置颜色为+45、0、-24，然后在图像窗口中查看效果，如下图所示。

12 ❶按下Ctrl键并单击"图层1"图层缩览图，将该图层载入至选区中，单击"色彩平衡1"图层蒙版缩览图，如下左图所示，使用"画笔工具"在选区内涂抹，调整选区内的色彩平衡。新建"照片滤镜1"调整图层，❷在打开的"属性"面板中选择"深蓝"滤镜，如下右图所示，修饰画面颜色。

13 选择"椭圆选框工具"，在选项栏中设置羽化值为200像素，在图像中绘制选区，选中"背景"图层，创建"曲线1"调整图层，通过向下拖曳曲线，如下左图所示，降低亮度，效果如下右图所示。

14 ❶复制"曲线1"调整图层，得到"曲线1拷贝"调整图层，加深选区，选择工具箱中的"画笔工具"，选择合适的文字笔刷，❷然后在图像上方单击，添加文字，如下图所示。

第2章

 实例03　给人物替换漂亮的背景

　　本实例的素材图像是一张在单色背景前拍摄的人像照片，由于背景比较单调，无法突显人物的年龄和个性特征。在后期处理中，先利用"磁性套索工具"将单色背景中的人物图像抠取出来，然后添加至盛开的花丛图像中，让画面变得更加丰富，同时烘托出人物青春、时尚、活泼、甜美的气质。

◎ 原始文件：随书资源 \ 素材 \02\04.jpg、05.jpg

◎ 最终文件：随书资源 \ 源文件 \02\ 给人物替换漂亮的背景 .psd

01 打开原始文件"04.jpg"，单击工具箱中的"磁性套索工具"按钮，沿着人物轮廓拖曳鼠标，如下左图所示，当终点与起点重合时，释放鼠标，创建选区，如下右图所示。

05 打开原始文件"05.jpg",如下左图所示,将其拖至人物图像中,得到"图层2"图层,在"图层"面板中将该图层拖曳至"图层1"图层下方,如下右图所示。

02 ①在选项栏中单击"从选区减去"按钮█,②继续在图像中拖曳鼠标,减少选区,如下左图所示。

03 继续使用"磁性套索工具"创建精细的人物选区,如下右图所示。

06 ①在"图层"面板中选中"图层1"图层,②设置图层混合模式为"正片叠底",如下左图所示,设置后的混合图像效果如下右图所示。

04 执行"选择>修改>羽化"菜单命令,打开"羽化选区"对话框,①设置"羽化半径"为"1像素",②单击"确定"按钮,羽化选区,按下快捷键Ctrl+J,复制选区内的图像,如下图所示。

07 ①按下快捷键Ctrl+J,复制"图层1"图层,得到"图层1拷贝"图层,②设置混合模式为"正常",如下左图所示,设置后的效果如下右图所示。

08 为"图层1拷贝"图层添加图层蒙版，❶单击图层蒙版缩览图，如下左图所示，选择图层蒙版，并设置前景色为黑色。选择"画笔工具"，❷在发丝及裙边位置涂抹，如下右图所示，通过反复涂抹隐藏未抠干净的白色背景区域。

09 按下快捷键Ctrl+J，复制"图层1拷贝"图层，删除蒙版，执行"滤镜>模糊>高斯模糊"菜单命令，❶设置"半径"为3.0像素，❷单击"确定"按钮，如下左图所示。模糊图像后的效果如下右图所示。

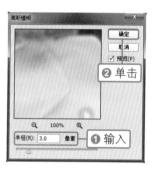

10 ❶在"图层"面板中选择"图层1拷贝2"图层，❷设置图层混合模式为"滤色"、"不透明度"为20%，如下左图所示，设置后的效果如下右图所示。

11 创建"亮度/对比度1"调整图层，在打开的"属性"面板中设置"亮度"为6、"对比度"为-8，如下左图所示，效果如下右图所示。

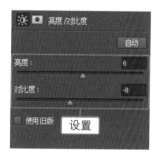

12 创建"曲线1"调整图层，在打开的"属性"面板中单击并向下拖曳鼠标，如下左图所示，降低图像的亮度，如下右图所示。

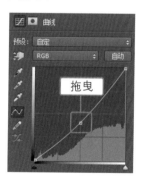

实例04 选取特定色彩区域并替换颜色

不同颜色能表现不同的视觉效果，在 Photoshop CC 中利用"色彩范围"命令可选择图像中某一块特定的颜色区域，结合"通道混合器"调整图层调整选区内的颜色，就可以变换特定区域的色彩。

◎ 原始文件：随书资源 \ 素材 \02\06.jpg

◎ 最终文件：随书资源 \ 源文件 \02\ 选取特定色彩区域并替换颜色 .psd

01 打开原始文件，在"图层"面板中选择"背景"图层，复制图层，得到"背景 拷贝"图层，如下图所示。

02 ❶执行"选择>色彩范围"菜单命令，如下左图所示，❷在打开的"色彩范围"对话框中设置"颜色容差"为168，如下右图所示。

03 ❶使用"吸管工具"在图像中的绿色区域单击，进行颜色取样，如下左图所示。❷然后单击对话框下方的"选择范围"单选按钮，查看选择范围，如下右图所示，确认设置后单击"确定"按钮。

04 返回至图像中，得到复杂的选区，❶单击"图层"面板底部的"创建新的填充或调整图层"按钮，❷在打开的菜单中执行"通道混合器"命令，如下图所示。

05 打开"属性"面板，❶在面板中选择输出通道为"红"通道，❷设置"颜色比"为+200%、+120%、0%，如下左图所示，❸选择输出通道为"蓝"通道，❹设置颜色比为-42%、-16%、+100%，如下右图所示。

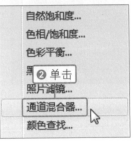

06 创建"色阶1"调整图层，在打开的"属性"面板中，单击"预设"下拉按钮，在打开的列表中选择"增加对比度1"选项，增强画面的对比效果，如下图所示。

第3章　图像色彩的调整

色彩效果直接影响图像的整体视觉效果，因此，调整色彩是图像后期处理中的重要一环。在 Photoshop CC 中，可以更改图像的颜色模式，也可以利用调整命令更改图像的亮度、色相、饱和度等，修正图像色彩或创作出具有艺术色彩的图像。

3.1　图像颜色模式的转换

图像的颜色模式是一种记录图像颜色的方式，不同的颜色模式有不同的表现形式，在 Photoshop CC 中利用"模式"菜单中的命令可以转换图像的颜色模式，通过"通道"面板能够查看到不同颜色模式下的图像颜色信息。

3.1.1　认识常用颜色模式

在 Photoshop CC 中处理的图像通常都为 RGB 颜色模式，但 Photoshop CC 还支持其他多种颜色模式，包括灰度、双色调、CMYK 等。下面对常用的颜色模式进行详细介绍。

1. 灰度颜色模式

灰度颜色模式是由黑色、白色、灰色构成的，该模式下的图像没有色彩信息，编辑图像时有一定的局限性。将彩色照片转换为灰度模式，会丢掉色彩信息，转换为黑白效果，且不可恢复色彩信息。此时在"通道"面板中只有"灰色"一个颜色通道，如下图所示。

2. 双色调颜色模式

双色调颜色模式可由 1 ～ 4 个不同的颜色构成双色调效果，需要首先将图像模式转换为灰度模式才能启用双色调颜色模式。利用"双色调选项"对话框设置油墨颜色，让图像产生双色调效果，如下图所示。

3. RGB颜色模式

RGB 颜色模式通过对红（R）、绿（G）、蓝（B）3 个颜色通道进行变化并相互叠加从而显示出各式各样的颜色，是 Photoshop CC 中默认的图像颜色模式。打开一张 RGB 颜色模式的图像，在"通道"面板中查看该颜色模式下的通道组成，如下图所示。

4. CMYK颜色模式

CMYK 颜色模式由青色（C）、洋红（M）、黄色（Y）和黑色（K）构成，一般用于印刷输出的分色处理。在 Photoshop CC 中处理完图像后，可将其转换为 CMYK 颜色模式进行印刷输出。打开一幅CMYK颜色模式图像，在"通道"面板中查看该模式下的颜色信息，如下图所示。

5. Lab颜色模式

Lab 颜色模式是由一个亮度分量（明度）和两个颜色分量（a 和 b）来表示的，分量 a 代表由绿色到红色的光谱变化，分量 b 代表由蓝色到黄色的光谱变化。它是在 Photoshop CC 中进行颜色模式转换时使用的中间模式。打开一张 Lab 颜色模式的图像，在"通道"面板中可看到该模式下的通道组成，如下图所示。

3.1.2 查看与转换图像颜色模式

"模式"菜单提供了 Photoshop CC 支持的所有图像颜色模式命令，不仅能查看当前图像的颜色模式，还能在不同颜色模式之间进行转换，用户只需要选择要转换的颜色模式名称即可。

1. 查看图像颜色模式

打开一幅图像，如下左图所示，执行"图像 > 模式"菜单命令，在打开的子菜单中可看到"CMYK 颜色"前有勾选标志，表示当前图像的颜色模式为 CMYK 颜色模式，如下右图所示。

2. 转换图像颜色模式

转换图像颜色模式时，在"模式"子菜单中单击选择其他颜色模式命令，如执行"图像 > 模式 > 灰度"菜单命令，如下左图所示，即可将图像转换为灰度模式，转换后的灰度图像如下右图所示。

3.2 色彩明暗的调整

Photoshop CC 提供了多个用于调整图像色彩明暗的调整命令，可将原本灰暗的图像调整为更加清晰、明亮、对比强烈的视觉效果。这些色彩明暗调整命令包括"亮度/对比度""色阶""曲线""曝光度""阴影/高光"等。在"图像 > 调整"菜单中可选取这些命令，利用弹出的相应对话框即可对图像进行编辑调整。

3.2.1 亮度/对比度

"亮度/对比度"命令用于提高或降低图像的亮度和对比度，执行"图像 > 调整 > 亮度/对比度"菜单命令，在打开的"亮度/对比度"对话框中拖曳选项滑块即可更改图像的亮度和对比度，设置的参数值越大，图像的亮度越高、对比越强烈。

打开一张画面较暗的图像，如下左图所示，执行"图像 > 调整 > 亮度/对比度"菜单命令，在"亮度/对比度"对话框中❶设置"亮度"为 55、"对比度"为 100，如下中图所示，❷设置后单击"确定"按钮，图像将会变得明亮，效果如下右图所示。

3.2.2 色阶

"色阶"命令可通过修改图像的阴影区、中间调和高光区的亮度来调整图像的色调范围和色彩平衡。执行"图像 > 调整 > 色阶"菜单命令，在打开的"色阶"对话框中通过拖曳色阶滑块的位置或输入色阶值来对图像进行调整。

在"色阶"对话框中，黑色滑块用于控制阴影区，灰色滑块用于控制中间调区域，白色滑块用于控制高光区。如下左图所示为对比度偏弱的素材图像，在"色阶"对话框中分别拖曳 3 个选项滑块至合适位置，如下中图所示，拖曳后可看到照片色彩被提亮，同时增强了对比效果，如下右图所示。

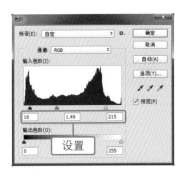

3.2.3 曲线

"曲线"命令可以精确地调整图像的明暗度和色调，还可以编辑颜色通道并更改画面整体色调。执行"图像＞调整＞曲线"菜单命令，通过在打开的"曲线"对话框中更改曲线的形状来改变图像的明暗和色调效果。

1. 提亮画面

在"曲线"对话框中向上或向下拖曳曲线会使图像变亮或变暗。打开素材图像，如下左图所示，打开"曲线"对话框，在曲线上单击并向上拖曳，如下中图所示，设置后图像变亮，如下右图所示。

 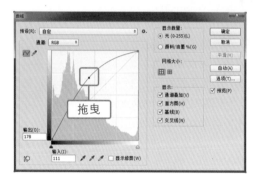 

2. 更改色调

在"曲线"对话框中，通过调整颜色通道，能够更改图像的色调。❶选择"蓝"通道，❷运用鼠标向上拖曳曲线，拖曳后在图像窗口中可看到画面中的蓝色调被增强，如右图所示。

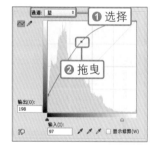 

> **知识补充**
>
> 在"曲线"对话框中，可将曲线视为三等分，如右图所示，右上方的 a 部分用于控制画面的亮调区域，中间的 b 部分用于控制画面的中间调区域，左下方的 c 部分用于控制画面的暗调区域。将曲线向上拖曳即可增加画面明亮程度，相反向下拖曳会增强暗调效果，当需要增强画面明暗对比度时，可将控制亮调区域的曲线向上拖曳，将控制暗调区域的曲线向下拖曳。
>
>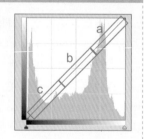

3.2.4 曝光度

"曝光度"命令用于调整图像的曝光效果。许多照片常会因曝光不正确而出现画面过亮或过暗的情况，利用"曝光度"命令增加或减少曝光量，即可使画面恢复到正常曝光效果。执行"图像＞调整＞曝光度"菜单命令，在打开的"曝光度"对话框中设置曝光度、位移和灰度系数校正选项的参数值，即可调整画面的明暗度。

打开曝光不足的图像，如下左图所示，打开"曝光度"对话框后设置曝光度选项，如下中图所示，设置后即可使偏暗的图像变得明亮，如下右图所示。

3.2.5 阴影/高光

通过"阴影 / 高光"命令可调整图像的阴影和高光部分，用于修复图像部分区域过亮或过暗的缺陷。执行"图像 > 调整 > 阴影 / 高光"菜单命令，在打开的"阴影 / 高光"对话框中，利用"阴影"选项调整图像的阴影部分，向左拖曳滑块图像变暗，向右拖曳滑块图像变亮；利用"高光"选项调整图像的高光部分，向左拖曳滑块图像变亮，向右拖曳滑块图像变暗。

打开一张阴影部分偏暗的图像，如下左图所示，❶打开"阴影 / 高光"对话框，向右拖曳"阴影"中的"数量"滑块，提亮阴影，❷再向右拖曳"高光"中的"数量"滑块，降低高光亮度，如下中图所示，设置后得到如下右图所示的效果。

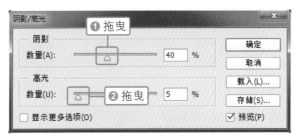

3.3 | 特殊色彩的调整

使用"调整"命令不仅可以调整图像的明暗、色彩，还可以对图像进行一些特殊色彩处理，制作特殊色调效果。用于调整特殊色彩的命令包括"反相""色调分离""阈值""黑白""去色""渐变映射"等。

3.3.1 反相图像

"反相"命令可以将图像颜色更改为它们的互补色，例如将白色变为黑色、黄色变为蓝色、红色变为青色等。通过对图像中的颜色进行反相处理，可制作出类似于图像转换为底片的特殊效果。

打开素材图像，执行"图像 > 调整 > 反相"菜单命令，可将图像反相设置，得到如右图所示的图像效果。

3.3.2　色调分离

　　"色调分离"命令可以设置每个通道中的色调与亮度值，并将这些像素映射为最接近的匹配色调。执行"图像 > 调整 > 色调分离"菜单命令，在打开的"色调分离"对话框中利用"色阶"选项调节图像的阴影效果，设置的"色阶"值越大，图像所表现出的效果与原图像越相似。

　　如下左图所示为打开的素材图像，在"色调分离"对话框中将"色阶"值设置为4，如下中图所示，设置后得到如下右图所示的图像效果。

3.3.3　去色与黑白

　　"去色"和"黑白"命令都可以将彩色图像转换为黑白图像，但是这两个命令也有不同。"去色"命令只能将图像中的色彩去除，转换出的黑白图像依旧保持原图像的亮度，然后利用"黑白"命令的对话框中的选项对黑白亮度进行调整，调出对比强烈的黑白图像。

1.　黑白

　　利用"黑白"命令调整图像时，执行"图像 > 调整 > 黑白"菜单命令，打开"黑白"对话框，对各个颜色所占的百分比进行设置，如下左图所示，设置后图像即被转换为黑白效果，转换前后效果如下中图和下右图所示。

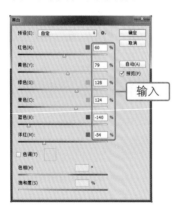  

2.　去色

　　"去色"命令可以快速打造黑白图像。执行"图像 > 调整 > 去色"菜单命令，即可去除图像中的颜色信息，效果如右图所示。

在"黑白"对话框的"预设"下拉列表框中可以选择12种色调模式，包括蓝色滤镜、较暗、红外线、中灰密度等，如右图所示。

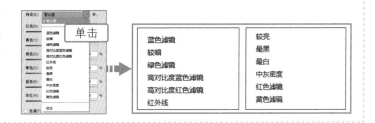

3.3.4 渐变映射

"渐变映射"命令可以将一幅图像的最暗色调映射为一组最暗色调的渐变色，也可以将图像的最亮色调映射为一组最亮色调的渐变色，达到更改图像颜色的目的。执行"图像 > 调整 > 渐变映射"菜单命令，打开"渐变映射"对话框，在对话框中可以选择预设的渐变颜色调整图像，也可以通过"渐变编辑器"对话框重新定义任意的渐变颜色并应用到图像。

如下左图所示为打开的原素材图像，❶在"渐变映射"对话框中单击"灰度映射所用的渐变"下拉按钮，❷在打开的列表中单击"紫，橙渐变"，如下中图所示，设置后的图像效果如下右图所示。

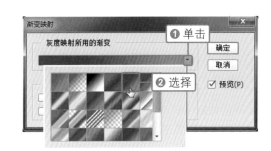

3.3.5 通道混合器

"通道混合器"可以通过增减单个通道颜色的方法来调整图像色彩，并对颜色通道之间的混合比例进行调整，还可以设置出单色调的图像效果。执行"图像 > 调整 > 通道混合器"菜单命令，打开"通道混合器"对话框，在"源通道"选项中增加或减少颜色比例来进行图像色彩的调整。

对特殊色彩的调整，可设置"通道混合器"对话框的源通道选项，调整通道中的红、绿、蓝三色的比例，设置的数值越大，该颜色的饱和度就越强。如下左图所示为原图像效果，❶在"通道混合器"对话框中选择"蓝"通道，❷设置颜色比例值，如下中图所示，得到的图像效果如下右图所示。

3.3.6 阈值

"阈值"命令可以将图像转换为高对比度的黑白图像，此命令根据图像像素的亮度值将较亮的像素以白色表示，较暗的像素以黑色表示。执行"图像 > 调整 > 阈值"菜单命令，在打开的"阈值"对话框中通过调整"阈值色阶"选项控制画面效果，图像中所有亮度值比设置值小的像素将变为黑色，亮度值比设置值大的像素则变为白色。

打开一张素材图像，如下左图所示，执行菜单命令打开"阈值"对话框，❶在对话框中设置"阈值色阶"值为 171，如下中图所示，❷设置后单击"确定"按钮，得到如下右图所示的图像效果。

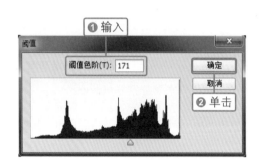

实例01　更改模式制作双色调艺术效果

不同色调的图像能营造出不同的意境。本实例将素材图像转换为双色调模式，再通过设置双色调油墨颜色，更改图像的色调，制作出更具艺术感的蓝色调画面。

◎ 原始文件：随书资源 \ 素材 \03\01.jpg

◎ 最终文件：随书资源 \ 源文件 \03\ 更改模式制作双色调艺术效果 .psd

01 打开原始文件，执行"图像>模式>灰度"菜单命令，在打开的"信息"对话框中单击"扔掉"按钮，扔掉图像颜色信息，转换为黑白效果，如下图所示。

02 执行"图像>模式>双色调"菜单命令，如下左图所示，将图像转换为双色调颜色模式。

03 在打开的"双色调选项"对话框中，❶在"类型"下拉列表中选择"三色调"选项，❷然后在"油墨1"选项后单击黑色色块，如下右图所示。

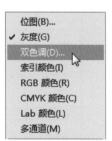

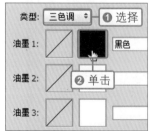

04 单击"油墨1"选项后的黑色色块后，打开"拾色器（墨水1颜色）"对话框，在对话框中设置油墨1颜色为深蓝色，具体值为R15、G2、B134，设置油墨2颜色为R255、G232、B170，输入油墨名为"黄色"，设置油墨3颜色为R229、G221、B255，输入油墨名为"浅紫"，如下图所示。

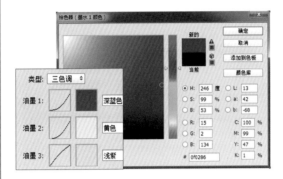

06 ❶在"图层"面板中设置"图层1"的图层混合模式为"叠加"，❷并降低"不透明度"至90%。可看到画面整体亮度被提高，图像展现出更具艺术感的双色调效果，如下图所示。

05 确认"双色调选项"对话框设置后，在图像窗口中可看到画面转换为双色调的效果。如下左图所示。按下快捷键Ctrl+J，复制图层，得到"图层1"图层，如下右图所示。

实例02　Lab颜色模式下打造时尚阿宝色

本实例将拍摄的人像照片转换为 Lab 颜色模式，再对颜色通道进行编辑，快速打造出甜美的阿宝色效果，让画面中的人物皮肤变得红润、靓丽，提升画面的整体品质。

◎ 原始文件：随书资源 \ 素材 \03\02.jpg

◎ 最终文件：随书资源 \ 源文件 \03\ Lab 颜色模式下打造时尚阿宝色 .psd

01 打开原始文件，❶执行"图像>模式>Lab颜色"菜单命令，如下左图所示，转换颜色模式。❷复制"背景"图层，得到"背景 拷贝"图层，如下右图所示。

02 打开"通道"面板，在面板中单击选择a通道，如下左图所示，依次按下快捷键Ctrl+A、Ctrl+C全选并复制图像，如下右图所示。

第3章

03 ❶在"通道"面板中单击选择b通道，如下左图所示，按下快捷键Ctrl+V，粘贴上一步骤中复制的图像，❷然后单击Lab复合通道，显示全部颜色通道，在图像窗口中可看到人物图像更改了色调后的效果，如下右图所示。

04 执行"图像>调整>色阶"菜单命令，打开"色阶"对话框，❶选择通道为b，❷拖曳下方灰色滑块至0.95，如下左图所示，确认设置后画面将会增强蓝色调，如下右图所示。

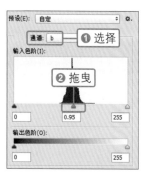

05 执行"图像>模式>RGB颜色"菜单命令，将图像转换为RGB颜色模式，然后执行"图像>调整>自然饱和度"菜单命令，在打开的"自然饱和度"对话框中设置"自然饱和度"为70，如下左图所示，设置后画面色彩饱和度将提高，效果如下右图所示。

06 再次执行"图像>调整>色阶"菜单命令，打开"色阶"对话框，使用鼠标分别拖曳3个色阶滑块至18、1.30、248，如下左图所示，提亮后的图像效果如下右图所示。

07 执行"图像>调整>色彩平衡"菜单命令，在打开的对话框中将"色阶"设置为+10、0、+10，如下图所示，确认设置后调整画面颜色。

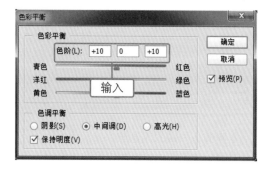

08 执行"滤镜>渲染>镜头光晕"菜单命令，❶在对话框中设置光晕亮度、镜头类型，如下左图所示，❷设置后单击"确定"按钮，为画面添加光晕效果，如下右图所示。

技巧提示 快速打开"色阶"对话框

为了快速打开"色阶"对话框，可按下快捷键 Ctrl+L。

实例03　打造色彩饱满的图像

　　色彩暗淡的画面难以给人带来视觉上的美感，这时就需要提高画面的色彩饱和度，利用Photoshop CC 中的调色命令，可快速提高整体或某一种色彩的饱和度，获得饱满的色彩，使画面变得更有吸引力。

◎ 原始文件：随书资源 \ 素材 \03\03.jpg
◎ 最终文件：随书资源 \ 源文件 \03\ 打造色彩饱满的图像 .psd

0 1 打开原始文件，按下快捷键Ctrl+J，复制图层，得到"图层1"。执行"图像>调整>色彩平衡"菜单命令，打开"色彩平衡"对话框，❶设置"中间调"色阶为+26、0、+26，❷设置后单击"确定"按钮，如下图所示。

0 2 在图像窗口中可看到调整整体画面色调后的效果，如下图所示。

0 3 ❶在"图层"面板下方单击"添加图层蒙版"按钮，为"图层1"添加图层蒙版，选择"渐变工具"，在选项栏中选择"黑，白渐变"，并勾选"反向"复选框，❷使用该工具在画面中的天空部分单击并向下

拖曳创建渐变，填充蒙版遮盖图像下半部分，如下图所示。

0 4 ❶在"图层"面板中单击"添加新的填充或调整图层"按钮，❷在打开的菜单中选择"色相/饱和度"命令，如下左图所示，创建"色相/饱和度1"调整图层。

0 5 在"属性"面板中拖曳"饱和度"选项滑块或直接在选项文本框后输入数值+25，如下右图所示。

0 6 继续设置"色相/饱和度"选项，❶选择颜色为"黄色"，❷设置"饱和度"为+25，如下左图所示，❸再选择颜色为"蓝色"，❹设置"饱和度"为+10，如下右图所示。

图层，②设置"自然饱和度"为+50，如下右图所示。

07 设置调整图层后，可看到增强色彩饱和度后的画面效果，如下图所示。

09 返回图像窗口，可看到色彩饱满、对比强烈的画面效果，如下图所示。

08 创建"亮度/对比度1"调整图层，①设置"亮度"为-5，"对比度"为30，如下左图所示。创建"自然饱和度1"调整

 实例04　恢复画面正常曝光效果

　　当图像曝光不足时，画面会偏暗，不能清楚地展现图像的细节与层次。利用 Photoshop CC 的曝光度调整功能，可以通过增加曝光度来恢复画面的明亮度，然后再对细节部分进行修饰处理，展现出正常曝光下的完美画面。

◎ **原始文件：** 随书资源 \ 素材 \03\04.jpg

◎ **最终文件：** 随书资源 \ 源文件 \03\ 恢复画面正常曝光效果 .psd

01 打开原始文件，按下快捷键Ctrl+J，复制得到"图层1"图层，执行"图像>调整>曝光度"菜单命令，在打开的对话框中设置参数，确认后的效果如下图所示。

02 提高图像曝光度后，打开"通道"面板，按住Ctrl键的同时单击RGB通道缩览图，将通道载入选区，在图像窗口中可看到加载高光区域为选区，如下图所示。

技巧提示　加载通道选区

　　单击"通道"面板下方的"将通道加载为选区"按钮，也可加载通道为选区。

03 ❶按下快捷键Ctrl+J，复制选区内图像为新图层，得到"图层2"图层，❷设置图层混合模式为"滤色"，设置后在图像窗口中看到增强高光的效果，画面变得更明亮，如下图所示。

04 按下快捷键Shift+Ctrl+Alt+E，盖印可见图层，得到"图层3"图层，执行"图像>调整>可选颜色"菜单命令，❶在打开的"可选颜色"对话框中单击"颜色"选项右侧的下拉列表中的"黄色"选项，❷设置下方选

项参数依次为-40、+25、+40、+20，如下左图所示，❸然后选择颜色为"蓝色"，❹设置选项参数依次为+20、+40、0、-10，如下右图所示。

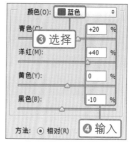

05 ❶在"可选颜色"对话框中选择颜色为"白色"，❷设置选项参数依次为0、0、-11、-40，确认设置，在图像窗口中可看到画面展现出的色彩明艳的效果，如下图所示。

实例05　校正偏色的图像

　　偏色是很多图像都会遇到的问题，如果图像色彩出现偏差，画面效果会大打折扣，此时就需要通过调整图像并平衡画面各部分色彩来对图像的颜色加以还原，再调整明暗效果，就可呈现出更加美丽的图像。

◎ 原始文件：随书资源 \ 素材 \03\05.jpg

◎ 最终文件：随书资源 \ 源文件 \03\ 校正偏色的图像 .psd

01 打开原始文件，复制图层得到"图层1"图层，执行"图像>调整>色彩平衡"菜单命令，在打开的对话框中将中间调"色阶"依次设置为-10、0、+40，如右图所示，设置后单击"确定"按钮。

02 在图像窗口中可看到去除了偏黄效果后的图像，如下图所示。

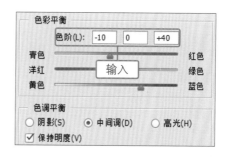

03 执行"图层>新建调整图层>色阶"菜单命令，新建"色阶1"调整图层，在"属性"面板中对"色阶"选项进行设置，❶拖曳滑块依次到16、1.43、255位置，如下左图所示，❷然后选择通道为"红"，❸拖曳各滑块依次到19、1.21、255位置，如下右图所示。

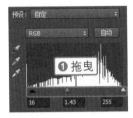

04 ❶选择颜色通道为"蓝"，❷拖曳滑块依次到16、1.25、248位置，此时在图像窗口中可看到校正了偏色并提亮了画面的效果，如下图所示。

05 按快捷键Shift+Ctrl+Alt+E，盖印得到"图层2"图层，如下左图所示。

06 ❶选择"椭圆选框工具"后在其选项栏中设置羽化选项为"100像素"，❷在清晰的小动物上拖曳，绘制一个椭圆选区，如下右图所示。

07 ❶按快捷键Ctrl+J，复制选区内图像得到"图层3"，❷设置图层混合模式为"滤色"、"不透明度"为30%，如下左图所示，设置后将提亮主体动物，效果如下右图所示。

08 创建"选取颜色1"调整图层，在"属性"面板中对选项进行设置，❶选择"黄色"，❷将下方选项参数依次设置为-15、0、+10、+20，如下左图所示，❸选择"白色"，❹将下方选项参数依次设置为+35、0、-29、-30，如下右图所示。

09 设置后返回图像窗口，可看到画面色彩变得更自然，效果如下图所示。

实例06　打造亮丽的HDR色调效果

HDR效果可将图像的暗调和高光部分的细节都清晰地展现出来，并以高饱和度的色彩让画面呈现惊艳的效果。在 Photoshop CC 中，可利用"HDR色调"命令将图像快速制作成 HDR 色调效果，再对画面细节部分的明暗度进行一些修饰，锐化画面，打造出亮丽的 HDR 图像。

◎ 原始文件：随书资源 \ 素材 \03\06.jpg

◎ 最终文件：随书资源 \ 源文件 \03\ 打造亮丽的 HDR 色调效果 .psd

01 打开原始文件，执行"图像>调整>HDR色调"菜单命令，在"预设"下拉列表中选择"平滑"选项，如下左图所示。

02 单击"确定"按钮，在图像窗口中可看到画面整体变得明亮，色彩变得艳丽，如下右图所示。

03 ❶单击"调整"面板中的"色阶"按钮，如下左图所示，❷在"图层"面板中创建"色阶1"调整图层，如下右图所示。

04 在"属性"面板中设置"色阶"选项，使用鼠标依次拖曳下方滑块到5、0.71、246位置，如下左图所示，设置后的图像亮度明显提高，效果如下右图所示。

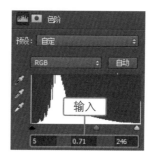

05 选择"渐变工具"，❶单击选项栏中渐变条后的下拉按钮，打开"渐变"拾色器，❷选择白色到黑色的渐变色，如下左图所示。

06 使用"渐变工具"在图像中下方单击并垂直向上拖曳，填充并调整图层蒙版，利用蒙版遮盖图像上方的提亮效果，在"图层"面板中可看到编辑后的调整图层蒙版效果，黑色为遮盖区域，如下右图所示。

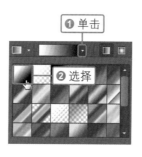

07 盖印可见图层，得到"图层1"图层，执行"滤镜>其他>高反差保留"菜单命令，❶在打开的"高反差保留"对话框中设置"半径"为10像素，❷单击"确定"按钮，如下左图所示。❸在"图层"面板中更改"图层1"的图层混合模式为"叠加"、"不透明度"为50%，如下右图所示。

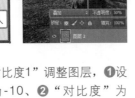

08 创建"亮度/对比度1"调整图层，❶设置"亮度"为-10、❷"对比度"为70，如下左图所示。经过设置可增强画面对比度，效果如下右图所示。

实例07　制作经典黑白图像

　　用无色彩的黑色、白色、灰色表现出的图像可营造别具一格的意境。在 Photoshop CC 中可以通过调整图像的色彩，将彩色图像转换成经典的黑白效果。

◎ 原始文件：随书资源 \ 素材 \03\07.jpg

◎ 最终文件：随书资源 \ 源文件 \03\ 制作经典黑白图像 .psd

01 打开原始文件，执行"图像>调整>黑白"菜单命令，在打开的对话框中对各选项参数进行设置，如下图所示。

02 确认"黑白"对话框选项设置后，返回图像窗口，可看到照片已去除了彩色效果，并更改为黑白效果，如下图所示。

03 选择"椭圆选框工具"，❶并在其选项栏中设置羽化值为100，❷在图像中的人物及汽车区域拖曳，绘制一个椭圆选区，如下左图所示，❸然后按下快捷键Ctrl+J复制图像，得到"图层1"，如下右图所示。

06 模糊图像后，❶在"图层"面板中设置"图层2"的图层混合模式为"柔光"、❷"不透明度"为40%，如下右图所示。

04 执行"图像>调整>色阶"菜单命令，或按下快捷键Ctrl+L，打开"色阶"对话框，在对话框中依次拖曳各滑块到7、1.66、250位置，如下左图所示，设置后可看到人物区域被提亮，效果如下右图所示。

07 执行"图像>调整>亮度/对比度"菜单命令，打开"亮度/对比度"对话框，❶设置"亮度"为-10，❷"对比度"为60，确认设置后可看到增强了对比度的画面效果，如下图所示。

05 盖印图层得到"图层2"图层，执行"滤镜>模糊>高斯模糊"菜单命令，打开"高斯模糊"对话框，设置"半径"为2像素，如下左图所示，模糊图像。

学习笔记

第4章 绘图功能

绘图是 Photoshop CC 中一个最常用的功能。通过使用各种图像绘制工具，用户能轻松绘制任意图案，再选择各种色彩进行填充，可以让绘制的图案表现出不同的色彩效果。

4.1 填充颜色

在运用 Photoshop CC 时，可以通过设置前景色和背景色的方法来填充图层或选区，也可利用工具箱中的其他工具对图像进行填充，如"油漆桶工具"和"渐变工具"，使用这些工具能够在图像中填充任意的渐变颜色或者图案效果。

4.1.1 设置前景色和背景色

在填充图像之前，设置前景色和背景色是很有必要的。在工具箱中可以直接查看到当前设置的前景色和背景色，单击"切换前景色和背景色"按钮，可进行前景色与背景色的切换，如下左图所示；若单击"设置前景色"按钮或"设置背景色"按钮，则会打开"拾色器（前景色）"或"拾色器（背景色）"对话框，如下中图和下右图所示。可以在对话框右侧的色块上单击选择颜色，也可在左侧的 RGB、CMYK 等色值文本框中输入精确的数值来合成颜色。

利用"颜色"面板同样可以设置前景色和背景色，执行"窗口 > 颜色"菜单命令，即可打开"颜色"面板。在面板中可通过拖曳各颜色滑块进行颜色设置。设置完毕后，在工具箱中可以看到前景色或背景色被更改为新的颜色。在"颜色"面板中除了拖曳滑块位置设置颜色，也可在文本框内输入精确的颜色值，如下左图所示。单击"颜色"面板右上角的扩展按钮，则会打开面板菜单，在菜单中还可对面板做更深入的设置，如下右图所示。

4.1.2 油漆桶工具

"油漆桶工具"一般用于对选区或图像进行填充。当绘制好选区或图像轮廓后，可以应用"油漆桶工具"在其中单击，为其填充颜色。单击工具箱中的"油漆桶工具"按钮 🖐，在选项栏中可以对填充模式、不透明度、容差值等选项进行设置。

1. 设置填充源

在"油漆桶工具"选项栏中共有"前景"和"图案"两种填充方式，当选择"图案"选项时，会打开"图案"拾色器，单击可选择需要填充的图案，如下左图所示，填充前景色和图案的对比效果如下中图和下右图所示。

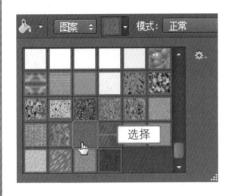

2. 调整填充模式

在"模式"下拉列表中有多种填充模式，在填充颜色或图案时用于设置其混合模式，单击下拉按钮，在打开的下拉列表中即可选择混合模式。如下左图所示为"强光"模式下填充的图像效果，下右图所示为"减去"模式下填充的图像效果。

> **知识补充**
>
> 在选择填充区域的源为"图案"后，"图案"选项即被启用，单击图案，在打开的"图案"拾色器中单击右上方的扩展按钮，在打开的菜单中有多种图案，将其追加到拾色器中即可使用。

4.1.3 渐变工具

利用"渐变工具"可以绘制具有颜色变化的色带。在 Photoshop CC 中使用"渐变拾色器"面板选择渐变颜色，然后在图层或选区内单击并拖曳，即可填充设置的渐变颜色，在"渐变编辑器"对话框中还可以将设置的渐变色进行存储，便于下次使用。

1. 渐变条的设置

利用"渐变工具"选项栏中的渐变条可以显示和设置渐变颜色。单击渐变条右侧的下拉按钮，打开"渐变拾色器"面板，在面板中可以选择多种渐变颜色，如下左图所示；也可以单击渐变条，如下中图所示，打开"渐变编辑器"对话框，在对话框中设置渐变颜色，如下右图所示。

2. 反向渐变

设置好渐变颜色后，勾选"渐变工具"选项栏中的"反向"复选框，可以将设置的渐变颜色进行反转。在"渐变拾色器"中选择渐变颜色，如下左图所示，然后在图像中单击并拖曳鼠标，应用设置的颜色创建渐变填充，效果如下中图所示，若勾选"反向"复选框后再在图像中拖曳，就会出现反向填充渐变颜色的效果，效果如下右图所示。

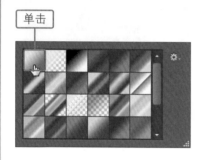  

3. 设置渐变类型

工具选项栏中有"线性渐变"▦、"径向渐变"▦、"角度渐变"▧、"对称渐变"▦、"菱形渐变"▦ 5 个渐变按钮，单击不同的按钮可以切换不同的渐变效果。"线性渐变"是以直线方向从起点渐变到终点；"径向渐变"是以圆形图案为方向从起点渐变到终点；"角度渐变"是围绕起点以逆时针方向以扫描方式渐变；"对称渐变"是以均衡的线为方向在起点的任一侧渐变；"菱形渐变"是以菱形为方向从起点向外渐变，终点定义菱形的一个角。后四种渐变的效果如下图所示。

> **📋 知识补充**
>
> 在"渐变工具"选项栏中，利用"不透明度"选项可以调节渐变颜色的不透明度，设置的参数值越大，填充效果越清晰，设置的参数值越小，填充效果越透明。

4.2 图像的任意绘制

在 Photoshop CC 中，可以利用绘图工具绘制任意图像，并以前景色表现绘制的图像。常用的绘图工具包括"画笔工具""铅笔工具""颜色替换工具""混合器画笔工具""历史记录艺术画笔工具"，使用这些工具可以更好地绘制、修饰图像。

4.2.1 画笔工具

利用"画笔工具"可绘制任意形态的图像或为图像涂抹上颜色。在工具箱中选择"画笔工具"后，在其选项栏中可调整画笔的大小、形态，还可以选择 Photoshop CC 提供的各种笔刷，绘制出不同形态的效果。

1. 设置预设画笔

在"画笔预设"选取器中显示了当前选中的画笔的形态和大小，单击打开"画笔预设"选取器，可选择 Photoshop CC 提供的各种画笔、大小和硬度。❶在打开的选取器中单击右上角的扩展按钮，在扩展菜单中可看到各种画笔类型，❷选择需要使用的画笔后，即可将其添加至选取器中，如右图所示。

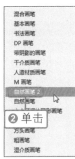

2. 调整画笔形态

在选项栏中单击"切换画笔面板"按钮，可以打开或隐藏"画笔"面板，在此面板中可以对画笔的笔尖形态进行设置，包括大小、角度及间距等。单击面板左侧的复选框，可切换面板选项，如右图所示为画笔"形状动态"和"纹理"选项。

3. 调整"不透明度"选项

"不透明度"选项用于调整画笔的不透明度，输入的"不透明度"值越小，绘制的图像越透明。如下左图、下中图和下右图所示分别为设置"不透明度"为 100%、50% 和 10% 时所绘制的效果。

4. 设置"流量"选项

"流量"选项用于控制画笔的流动速率，设置的"流量"值越大，所绘制的图像就越清晰。设置"流量"为 100% 和 30% 时，绘制的图像效果如右图所示。

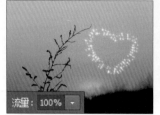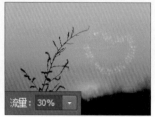

4.2.2　铅笔工具

利用"铅笔工具"可以模拟出真实铅笔笔触绘制的图像。虽然"铅笔工具"的工具选项栏中的选项与"画笔工具"相同，但是绘制出来的效果却大不相同，使用"铅笔工具"绘制的图像边缘有一种生硬感，而"画笔工具"绘制出的图像边缘就柔和许多。

打开一幅素材图像，如下左图所示，单击"铅笔工具"按钮，在显示的工具选项栏中的"画笔预设"选取器中选择合适的笔刷，如下中图所示，在图像中单击或拖曳鼠标即可绘制出图案效果，如下右图所示。

4.2.3　颜色替换工具

"颜色替换工具"可以将画笔涂抹区域内的图像颜色与设置的前景色替换。在工具箱中选择"颜色替换工具"后，在其选项栏中可以设置画笔的大小、模式、限制方式等选项，以更准确地替换颜色。

打开一幅素材图像，如下左图所示，在工具箱中设置前景色，选择"颜色替换工具"，如下中图所示，然后在图像上涂抹，被涂抹区域的图像颜色将被设置的前景色替换，如下右图所示。

4.2.4　混合器画笔工具

"混合器画笔工具"可以模拟真实的绘制效果，如混合画布上的颜色、混合画笔上的颜色以及在描边过程中使用不同的绘制湿度等。使用"混合器画笔工具"绘制图像时，可以通过选项栏中的选项来实现不同的绘画效果。

1. 载入当前画笔

在"混合器画笔工具"选项栏中单击"每次描边后载入画笔"按钮![icon]，即可显示当前画布载入储槽的油彩效果。要将油彩载入储槽，可以将其设置为前景色，也可以在图像中直接选取。打开一幅图像，按下 Alt 键的同时在图像中单击，如下左图所示，即可在"当前画笔载入"选项中显示载入的效果，如下右图所示。

2. 混合画笔

在选项栏中通过设置"潮湿""载入""混合"组合参数，可产生不同的绘画效果。也可在"有用的混合画笔组合"下拉列表中选择预设参数，选择"干燥，深描"和"潮湿"时的绘制效果如下左图和下右图所示。

载入画笔

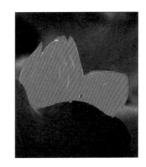

> **知识补充**
>
> 在"混合器画笔工具"选项栏中可以利用"潮湿""载入""混合""流量"等选项来控制绘画效果，其中"潮湿"选项可以控制画笔从画布拾取的油彩量，数值越大所产生的绘画条痕越长；"载入"选项用于指定储槽的油彩量，载入速率越低时，绘画描边干燥的速度就越快；"混合"选项用于控制画布油彩量与储槽油彩量的比例，比例为 100% 时，所有油彩都将从画布中拾取，比例为 0% 时，所有油彩均来自储槽；"流量"选项用于设置油彩的流量，数值越低，流量越小，油彩越淡。

4.2.5　历史记录艺术画笔工具

"历史记录艺术画笔工具"使用指定历史记录状态或快照中的源数据，以风格化描边效果进行绘画。通过使用不同的绘画样式、大小和容差选项，可以用不同的色彩和艺术风格相结合模拟出类似绘画的纹理效果。

1. 调整绘画样式

在"历史记录艺术画笔工具"选项栏中，通过"样式"选项可控制绘画时的描边形状。单击"样式"下拉按钮，在打开的下拉列表中共有 10 种样式可供应用，选择"绷紧中"和"轻涂"样式后的涂抹对比效果如右图所示。

2. 容差的应用

　　"容差"用于限定绘画时的描边区域，低容差可用于在图像中绘制无线条的描边，高容差将绘画描边限定于与源状态或快照中的颜色明显不同的区域，如右图所示。

4.3 图像的修改

　　在 Photoshop CC 中，可以利用图像修改工具对不需要的图像部分进行擦除或修改，以达到满足设计需求的效果。常用的图像修改工具包括"橡皮擦工具""背景橡皮擦工具""魔术橡皮擦工具""历史记录画笔工具"。

4.3.1　橡皮擦工具

　　"橡皮擦工具"可将像素更改为背景色或透明。当在"背景"图层中或锁定透明度的图层中使用"橡皮擦工具"进行擦除操作时，被擦除区域的像素将被更改为背景色；若在其他像素图层中涂抹，那么被涂抹区域的像素将变为透明效果。选择"橡皮擦工具"后，在其工具选项栏中可以设置画笔大小、形态等，还可利用模式选项调整擦除后的效果。

1. 擦除图像为背景色

　　选择"橡皮擦工具"，先在"图层"面板中选择"背景"图层，然后使用鼠标在图像中涂抹，如此被涂抹过的区域将会显示为当前所设置的背景色，如右图所示分别为擦除图像前与擦除图像后的效果。

2. 擦除为透明效果

　　在一个设计作品中，往往不会只有一个图层，若在除"背景"图层外的其他图层中使用"橡皮擦 工具"进行擦除操作，那么被擦除后的图像将会显示为透明效果。打开一幅素材图像，如下左图所示，使用"橡皮擦工具"涂抹擦除图像背景后，隐藏"背景"图层，如下中图所示，此时可以看到透明的图像效果，如下右图所示。

3. 使用不同"模式"擦除图像

在"橡皮擦工具"选项栏中可以通过调整"模式"选项来调整擦除图像的边缘效果，包括"画笔""铅笔""块"三种模式，选择不同的模式进行涂抹，可以在画面中得到不一样的边缘效果，如下左图、下中图和下右图所示。

 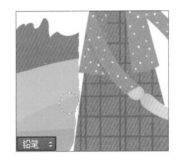 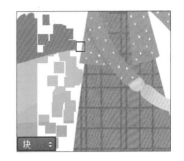

4. 使用不同"不透明度"擦除图像

通过选项栏中的"不透明度"选项可以设置"橡皮擦工具"所擦除图像的不透明度，输入的数值越大，被涂抹过的图像就会变得越透明。设置"不透明度"为100%和50%时的对比效果如右图所示。

 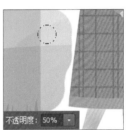

5. 使用不同"流量"擦除图像

"流量"选项用于调整画笔笔触的流量大小，输入的数值越大，擦除的像素就越多，图像就越透明。设置"流量"为80%和20%时的对比效果如右图所示。

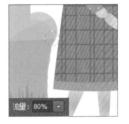 

4.3.2 背景橡皮擦工具

使用"背景橡皮擦工具"可将图层上的像素涂抹成透明。通过指定不同的取样和容差选项来控制透明度的范围锐化程度和边界锐化程度，若在使用该工具前在选项栏中勾选"保护前景色"复选框，则可以防止抹除与设置的前景色匹配的颜色区域。

利用"背景橡皮擦工具"擦除图像时，如果在"背景"图层中进行操作，那么"图层"面板中的"背景"图层将会被自动转换为"图层0"。如下左图所示为打开的素材图像，使用"背景橡皮擦工具"擦除背景图像后的效果如下中图所示，此时打开"图层"面板，在面板中就可以看到由"背景"图层转换成的"图层0"图层，如下右图所示。

4.3.3　魔术橡皮擦工具

使用"魔术橡皮擦工具"可以将所有相似的像素更改为透明。如果在已锁定透明度的图层中操作，则被擦除的像素将会被更改为背景色，如果在"背景"图层中操作，则会将"背景"图层转换为普通图层并将所有相似的像素更改为透明。

利用"魔术橡皮擦工具"擦除图像时，通过选项栏中的"容差"值控制擦除的范围大小，设置的数值越大，擦除的范围就越广，设置的数值越小，擦除的范围就越小。如下左图所示为打开的素材图像，分别设置"容差"值为 32 和 60 时，擦除的图像效果如下中图和下右图所示。

4.3.4　历史记录画笔工具

在 Photoshop CC 中，对图像所做的每一步操作都会被记录到"历史记录"面板中。打开并编辑完图像后，如下左图所示，打开"历史记录"面板，可看到记录的操作步骤，单击选取操作步骤，如下中图所示，即可将图像还原至这一步骤之后的状态，效果如下右图所示。"历史记录画笔工具"常与"历史记录"面板结合使用，可使图像中被该工具涂抹过的区域恢复到指定的历史状态。读者可阅读本章的实例 05，能够更形象地理解该工具的使用方法。

实例01　快速为图像填充渐变背景

　　色彩变化丰富的背景可更好地突出主体人物，也可以使整个图像的色调更加和谐。本实例使用"渐变工具"为图像填充上渐变颜色，再通过调整图层的混合模式使色彩混合至人物图像中，打造渐变的画面效果。

◎ 原始文件：随书资源 \ 素材 \04\01.jpg

◎ 最终文件：随书资源 \ 源文件 \04\ 快速为图像填充渐变背景 .psd

01　　在Photoshop中打开原始文件，复制"背景"图层，得到"背景 拷贝"图层，如下左图所示。

02　　选择"快速选择工具"，在人物后方的背景区域单击，创建选区，如下右图所示。

复制

单击

03　　❶按下快捷键Ctrl+J，复制选区内的图像，得到"图层1"图层，如下左图所示。❷单击"创建新图层"按钮，❸在"图层"面板中创建"图层2"图层，如下右图所示。

❶复制

❸新建
❷单击

04　　❶设置前景色为R187、G128、B178，背景色为R124、G189、B196，如下左图所示。选择"渐变工具"，单击选项栏中的渐变条，打开"渐变编辑器"对话框，

❷选择"前景色到背景色渐变"，❸在渐变条的中点位置单击，添加一个色标，如下右图所示。

❶ 设置

❷ 选择

❸ 单击

第 4 章

技巧提示　新建新图层填充

　　在对图像填充渐变颜色前，需要创建一个新图层，否则会把设置的渐变颜色直接填充于当前选取的图层中。

05　　双击添加的色标，打开"拾色器（色标颜色）"对话框，❶设置颜色值为R142、G119、B216，如下左图所示。单击"确定"按钮，返回至"渐变编辑器"对话框，❷在对话框中单击"确定"按钮，如下右图所示。

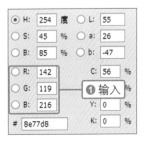
❶ 输入

❷ 单击

06 设置渐变颜色后，使用"渐变工具"在图像左上角单击并拖曳至右下角，如下左图所示，释放鼠标，为图像填充渐变颜色，如下右图所示。

07 ❶在"图层"面板中选择"图层2"图层，❷设置图层混合模式为"颜色加深"，如下左图所示，设置后的图像效果如下右图所示。

09 ❶在"图层"面板中选择"图层2"图层，❷单击面板底部的"添加图层蒙版"按钮，如下左图所示，❸为"图层2"图层添加蒙版，如下右图所示。

10 单击工具箱中的"画笔工具"按钮，❶设置"不透明度"为26%、"流量"为13%，❷单击"图层2"蒙版缩览图，❸使用"画笔工具"在人物边缘涂抹，使人物与背景更加自然地融合，效果如下图所示。

技巧提示 快速切换图层混合模式

选择图层混合模式后，按下键盘中的↑、↓方向键，可以在不同的混合模式中快速转换。

08 按住Ctrl键不放，单击"图层1"图层缩览图，如下左图所示，将该图层中的对象载入到选区中，如下右图所示。

实例02 将图像打造为艺术画作效果

利用"历史记录艺术画笔工具"可在图像中模拟出逼真的绘画纹理，将普通的图像处理成精彩的艺术画作效果。

◎ 原始文件：随书资源 \ 素材 \04\02.jpg

◎ 最终文件：随书资源 \ 源文件 \04\ 将图像打造为艺术画作效果 .psd

01 打开原始文件，选择"背景"图层，将其拖至"创建新图层"按钮 🔳 上，复制图层，得到"背景 拷贝"图层，如下图所示。

02 选择"历史记录艺术画笔工具"，在其选项栏中打开"画笔预设"选取器，设置画笔大小为6像素，如下图所示。

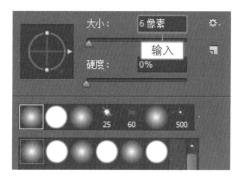

03 ❶在选项栏中设置"样式"为"绷紧长"，使用该工具在图像中涂抹，描绘出绘画效果，❷按下快捷键Ctrl+J，复制图层，如下图所示。

04 在"历史记录艺术画笔工具"选项栏中选择"松散中等"样式，继续涂抹，涂抹完后创建"自然饱和度1"调整图层，❶设置"自然饱和度"为+23、❷"饱和度"为+20，调整图像颜色，如下图所示。

05 创建"色阶1"调整图层，❶在打开的"属性"面板中设置色阶值为12、0.45、208；创建"亮度/对比度1"调整图层，❷设置"亮度"为-19、"对比度"为60，单击"色阶1"蒙版缩览图，设置前景色为黑色，再使用"画笔工具"涂抹，修饰画面的明暗色彩，如下图所示。

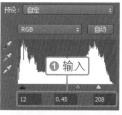

06 选择"矩形选框工具"，在图像两侧绘制选区，然后新建图层，将选区填充为黑色，使用"横排文字工具"为图像添加文字，效果如右图所示。

![图标] **实例03   给人物绘制天使般的翅膀**

在画面中添加上一些简单的小元素，不仅可以使图像更加漂亮，还能增加图像的韵味。利用Photoshop CC 提供的画笔可以在图像上绘制出各种美丽的图形。本实例讲解如何为图像中的人物添加美丽的翅膀图案，展现更加浪漫的画面效果。

◎ 原始文件：随书资源 \ 素材 \04\03.jpg、翅膀 .abr

◎ 最终文件：随书资源 \ 源文件 \04\ 给人物绘制天使般的翅膀 .psd

01 打开原始文件，❶复制"背景"图层，得到"背景 拷贝"图层，❷设置图层混合模式为"正片叠底"、"不透明度"为50%，如下图所示。

02 选择"画笔工具"，在其选项栏中打开"画笔预设"选取器，❶单击扩展按钮▣，如下左图所示，❷在打开的菜单中执行"载入画笔"命令，如下右图所示。

03 打开"载入"对话框，选择"翅膀.abr"，将其载入至"画笔预设"选取器中，❶然后选择载入的画笔，打开"画笔"面板，❷设置"大小"为500像素、❸"角度"为-32°，如下左图所示。设置前景色为白色，新建图层，❹使用"画笔工具"在图像中单击绘制翅膀，效果如下右图所示。

04 在"图层"面板中选择"图层1"图层，执行"图层>复制图层"菜单命令，复制图层，得到"图层1拷贝"图层，如下左图所示。

05 按快捷键Ctrl+T打开变换编辑框，右击编辑框中的图像，在打开的快捷菜单中执行"水平翻转"命令，如下右图所示，翻转图像。

06 使用"移动工具"把翅膀移至合适位置，❶盖印"图层1"和"图层1拷贝"图层，得到"图层1拷贝（合并）"图层，如下左图所示。将原图层隐藏后，❷为盖印图层添加蒙版，将多余的翅膀图像隐藏，如下右图所示。

09 打开"拾色器（纯色）"对话框，在对话框中设置颜色值为R227、G238、B206，如下左图所示，单击"确定"按钮，为选区填充颜色，效果如下右图所示。

07 双击"图层1拷贝（合并）"图层，打开"图层样式"对话框，勾选"投影"复选框，设置"不透明度"为10%、"距离"为5、"大小"为27，如下左图所示，单击"确定"按钮，添加投影，效果如下右图所示。

10 使用"画笔工具"去除翅膀上多余的颜色，❶盖印图层，执行"滤镜>渲染>光照效果"菜单命令，❷打开"光照效果"对话框，设置光照后，返回"图层"面板，❸设置图层混合模式为"柔光"、"不透明度"为40%，如下图所示。

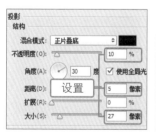

08 ❶按下Ctrl键不放，单击"图层1拷贝（合并）"图层缩览图，如下左图所示，载入选区，❷单击"图层"面板底部的"创建新的填充或调整图层"按钮 ，❸执行"纯色"命令，如下右图所示。

> **技巧提示　通过命令创建填充图层**
>
> 在选择图层后，执行"图层 > 新建填充图层 > 纯色"命令，同样可以在选中图层上方创建一个填充图层。

实例04 擦除图像替换背景

在图像处理的过程中，对画面中的背景进行替换，可以产生不同的视觉效果。本实例在Photoshop CC 中利用"魔术橡皮擦工具"快速擦除素材中的背景图像，并换上合适的新背景，再通过调整图像的大小及颜色，进一步完善画面效果。

◎ 原始文件：随书资源 \ 素材 \04\04.jpg、05.jpg

◎ 最终文件：随书资源 \ 源文件 \04\ 擦除图像替换背景 .psd

01 打开原始文件"04.jpg"，❶选择"背景"图层，执行"图层>复制图层"菜单命令，复制图层，得到"背景 拷贝"图层，如下左图所示，❷单击"背景"图层前的"指示图层可见性"按钮◉，隐藏"背景"图层，如下右图所示。

02 选择"魔术橡皮擦工具"，❶在天空上方单击，擦除纯色的天空图像，如下左图所示，继续单击擦除更多天空图像，❷在"图层"面板中显示擦除后的图层效果，如下右图所示。

03 打开原始文件"05.jpg"，❶将打开的素材图像拖入"04.jpg"的图像窗口中，得到"图层1"图层，如下左图所示，❷执

行"图层>排列>后移一层"菜单命令，将"图层1"移至"背景 拷贝"图层后方，如下右图所示。

04 按下快捷键Ctrl+T，打开变换编辑框，调整天空图像的大小，如下左图所示，按下快捷键Shift+Ctrl+Alt+E，盖印图层，得到"图层2"图层，如下右图所示。

05 创建"亮度/对比度1"调整图层，在打开的"属性"面板中设置"亮度"为47、"对比度"为48，如下左图所示，提亮画面，增强对比效果，如下右图所示。

07 按下快捷键Shift+Ctrl+Alt+E，盖印图层，❶得到"图层3"图层，执行"滤 镜>锐化>USM锐化"菜单命令，打开"USM锐化"对话框，❷设置"数量"为50%、"半径"为2.0像素，如下左图所示，单击"确定"按钮，锐化图像，效果如下右图所示。

06 单击"调整"面板中的"色阶"按钮，新建"色阶1"调整图层，打开"属性"面板，输入色阶值为30、0.84、225，如下图所示。

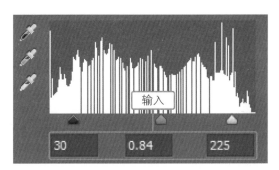

> **技巧提示** **盖印选中图层**
>
> 在"图层"面板中选中图层后，按下快捷键 Ctrl+Alt+E，可以将选中的图层盖印。

实例05　给黑白图像上色

　　黑白图像固然具有独特的韵味，但色彩丰富的图像同样也深受人们的喜爱。在 Photoshop CC 中运用"历史记录画笔工具"和快照功能，能够为单调的黑白图像添加上鲜艳的色彩。

 ◎ 原始文件：随书资源 \ 素材 \04\06.jpg

◎ 最终文件：随书资源 \ 源文件 \04\ 给黑白图像上色 .psd

01 打开原始文件，❶复制图层得到"背景 拷贝"图层，如下左图所示，执行"图像>调整>色相/饱和度"菜单命令，❷在打开的对话框中勾选"着色"复选框，❸设置"色相"为202、"饱和度"为82，如下右图所示。

02 设置"色相/饱和度"后，在图像窗口中可看到着色后的图像效果，如下图所示。

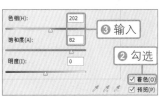

03 执行"窗口>历史记录"菜单命令，打开"历史记录"面板，❶单击"创建新快照"按钮 📷，新建"快照1"，如下左图所示。❷然后在面板中单击"复制图层"操作步骤，如下右图所示，图像恢复到打开时的黑白效果。

04 执行"图像>调整>色彩平衡"菜单命令，在打开的对话框中设置色阶为+89、+13、-49，如下图所示。

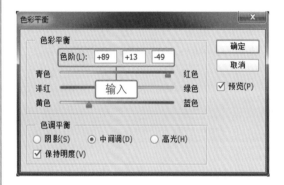

05 设置"色彩平衡"对话框后，在图像窗口中可看到更改图像后的效果，打开"历史记录"面板，单击"创建新快照"按钮 📷，新建"快照2"，如下图所示。

06 ❶再次单击"复制图层"操作步骤，使图像恢复到黑白效果，按下快捷键Ctrl+U，打开"色相/饱和度"对话框，勾选"着色"复选框，❷设置"色相"为51、"饱和度"为25，如下图所示。

07 设置"色相/饱和度"后，打开"历史记录"面板，单击"创建新快照"按钮 📷，新建"快照3"，如下图所示。

08 ❶在选中"快照3"的情况下，选择"历史记录画笔工具"并在"快照1"前的方块上单击，确定历史记录的源。❷然后使用该工具在人物的衣服上涂抹，以显示出蓝色的衣服效果，如下图所示。

09 ❶将"快照2"设定为历史记录的源，❷设置"历史记录画笔工具"的"不透明度"为56%、"流量"为52%，在人物的发丝及皮肤上涂抹，为其添加颜色，如下图所示。

10 更改"历史记录画笔工具"选项，设置"不透明度"为20%、"流量"为32%，继续使用"历史记录画笔工具"涂抹背景，为背景图像着色，如下图所示。

11 使用"快速选择工具"在衣服上创建选区，按下快捷键Shift+F6，打开"羽化选区"对话框，❶输入"羽化半径"为1，❷单击"确定"按钮，羽化选区，如下图所示。

12 创建"色相/饱和度1"调整图层，打开"属性"面板，设置"饱和度"为+36，增强衣服的色彩鲜艳度，如下图所示。

13 选择"磁性套索工具"，❶设置"羽化"值为2像素，沿嘴唇拖曳鼠标，创建选区，如下左图所示。创建"色相/饱和度2"调整图层，❷设置"色相"为-22、"饱和度"为+22，如下右图所示。

14 在"属性"面板中对"色相/饱和度"进行设置后，返回图像窗口中，此时可以看到人物的嘴唇颜色变换为靓丽的粉红色，如下图所示。

15 单击"调整"面板中的"色彩平衡"按钮🎛，创建"色彩平衡1"调整图层，在"属性"面板中设置颜色值为+18、0、0，设置后的效果如下图所示。

16 单击"色彩平衡1"图层的蒙版缩览图，设置前景色为黑色，选择"画笔工具"，❶设置"不透明度"为57%、"流量"为34%，❷在背景及皮肤上涂抹，修饰整个画面的颜色，如下图所示。

学习笔记

第5章 图像的修复和修饰

利用 Photoshop CC 的图像修复与修饰功能，可以修复有瑕疵的图像并对图像进行进一步的修饰处理，使图像呈现更加完美的视觉效果。该功能常用于照片的后期处理中，以弥补拍摄时出现的各种缺陷。

5.1 修复图像的工具

在 Photoshop CC 中可以利用修复画笔类工具修复图像中的瑕疵，例如去除图像中的污点、污迹；遮盖画面中不需要的部分；去除难看的红眼等。修复画笔类工具包括了"污点修复画笔工具""修复画笔工具""修补工具""内容感知移动工具""红眼工具"。

5.1.1 污点修复画笔工具

使用"污点修复画笔工具"可以自动从要修复区域的周围像素中取样，并将像素的纹理、光照、透明度和阴影与要修复的像素进行匹配，从而快速去除图像中的污点和杂点。选择工具箱中的"污点修复画笔工具"，然后在图像中需要修复的地方单击，即可自动去除污点。

使用"污点修复画笔工具"去除画面中的污点时，可以选择不同的模式进行修复。打开一幅素材图像，如下左图所示，单击"污点修复画笔工具"按钮 ，如下中图所示，将鼠标移至人物皮肤上的污点位置并单击，即可把鼠标单击位置的污点去除，去除污点后的效果如下右图所示。

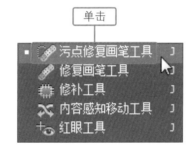

5.1.2 修复画笔工具

"修复画笔工具"可以校正图像中的瑕疵，它主要通过图像或图案中的样本像素来绘图。在修复图像前，需要先在画面中设置修复源，既可以将图像中的取样像素设置为修复源，也可以将选择好的图案设置为修复源。设置修复源后在图像中单击或涂抹，即可修复图像。

1. 取样像素修复

单击选项栏中的"取样"按钮，表示将图像中的取样像素设置为修复源，然后按住 Alt 键，在图像中单击进行取样，再在图像中需要修复的位置单击，即可将该位置的多余图像去除，经过反复单击取样，即可用取样图像替换多余的杂物图像，效果如右图所示。

2. 应用图案修复

单击选项栏中的"图案"按钮,将会激活右侧的图案选项。单击下拉按钮,即可在打开的"图案"拾色器中选择合适的图案,用以修复画面。如下左图所示为打开的素材图像,在"图案"拾色器中单击选择图案,如下中图所示,运用所选择的图案修复图像,效果如下右图所示。

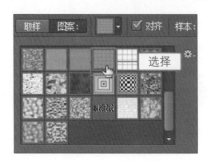

5.1.3 修补工具

"修补工具"可以用其他区域的像素或图案来修复选区中的像素。使用此工具修复图像前要先在图像中需要修补的区域内创建选区,再将创建的选区拖曳至用于替换的区域,释放鼠标后即可自动进行修复。

1. 设置修补源

单击"修复工具"选项栏中的"源"按钮,使用"修补工具"在图像中拖曳,创建选区,如下左图所示,然后单击并向左拖曳至要用于替换的区域上,如下中图所示,此时释放鼠标,可以看到修复后的图像,如下右图所示。

2. 调整修复目标

创建选区后,单击选中选项栏中的"目标"按钮,将选区拖曳到其他区域上,如下左图所示,将以选区中的像素作为样本像素修补新选定的区域,如下右图所示。

5.1.4 内容感知移动工具

　　"内容感知移动工具"用于混合被选区域内的图像。在需要修改的图像区域内创建选区，然后拖曳移动选区内的图像，拖曳后将自动填充被移动区域，以保持画面的完整性。

　　"内容感知移动工具"选项栏中提供了两种混合模式："移动"和"扩展"。选择"移动"模式，单击并拖曳可移动选区内的图像。选择"扩展"模式，可复制选区内的图像。如下左图所示为原图效果，下中图和下右图所示为运用不同模式填充的图像效果。

5.1.5 红眼工具

　　使用闪光灯拍摄照片时，图像中的人物或动物的眼珠上常会出现特殊的反光区域，这种现象称为红眼。这时可以利用 Photoshop CC 提供的"红眼工具"轻松去除红眼。

　　打开一幅素材图像，如下左图所示，放大显示后可以看到画面中人物眼珠上的红眼，选择工具箱中的"红眼工具" ，在眼珠上单击并拖曳鼠标，如下中图所示，释放鼠标后即可去除人物的红眼，效果如下右图所示。

> **知识补充**
>
> 　　使用"红眼工具"对图像中的红眼进行处理时，可通过"变暗量"选项对修复红眼时的颜色深度进行调整，设置的参数值越大，图像的颜色就越深。

5.2 图像的仿制修复

　　Photoshop CC 提供了一组用于仿制修复图像的工具，即"仿制图章工具"和"图案图章工具"。利用这组工具可以对图像的部分像素进行仿制，也可以在图像中添加仿制图案以修复图像。

5.2.1 仿制图章工具

使用"仿制图章工具"可以将选定的图像区域如同盖章一样复制到画面中的指定区域，也可以将一个图层中的部分图像绘制到另一个图层中，得到复制图像的效果。"仿制图章工具"的使用方法与"修复画笔工具"相似，只需按下 Alt 键在图像中取样仿制源，然后在图像中单击或涂抹即可。

1. 运用不透明度控制画面

在仿制图像时，利用"不透明度"选项可控制取样像素的不透明效果，默认情况下"不透明度"为100%，设置的参数值越小，仿制图像的效果就越淡，如右图所示分别为设置"不透明度"为20%和100%时仿制图像的效果。

2. 通过"对齐"仿制图像

应用选项栏中的"对齐"复选框，可以控制是否连续使用取样像素进行仿制。当勾选"对齐"复选框时，可连续对像素进行取样，即使释放鼠标，也不会丢失当前取样点；当取消勾选后，则会在每次重新开始绘制时使用初始取样点中的样本像素进行仿制。如右图所示为勾选"对齐"和取消勾选状态时仿制出的图像效果。

> **知识补充**
>
> 单击"仿制图章工具"选项栏中的"切换仿制源"面板按钮，将会打开"仿制源"面板，在此面板中单击"仿制源"按钮，可以在图像中创建新的仿制源。

5.2.2 图案图章工具

使用"图案图章工具"可以将绘制的区域仿制为选择的图案，此工具常用于对背景图案进行填充操作。在工具箱中单击"图案图章工具"按钮后，可以在选项栏中选择各种图案，再在图像中涂抹，即可将选择的图案应用到相应的位置。

1. 在"图案"拾色器中选取图案

选中"图案图章工具"后，接下来就需要在选项栏中的"图案"拾色器中选择图案。❶单击图案右侧的倒三角形按钮，即可打开"图案"拾色器，❷在拾色器中单击选择图案，如下左图所示，选用所选图案仿制图像前后的对比效果如下中图和下右图所示。

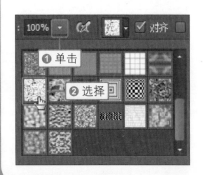

2. 添加印象派效果

在选项栏中勾选"印象派"复选框后，可以为填充的图案模拟印象派绘画效果，如右图所示分别为直接填充和勾选"印象派"复选框后的仿制图像效果。

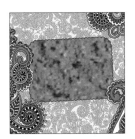

5.3 图像的修饰处理

利用修饰类工具可以对图像的颜色、明度做进一步修饰，还可以对图像进行模糊或锐化等处理。图像的修饰类工具包括"模糊工具""锐化工具""涂抹工具""加深/减淡工具""海绵工具"。

5.3.1 模糊工具

使用"模糊工具"可以软化像素边缘，减少图像中的细节。使用该工具在画面上涂抹即可产生模糊效果，涂抹的次数越多，所产生的模糊效果就越明显。

运用"模糊工具"模糊图像时，可以对模糊的方式进行选择，选择不同的模式所产生的模糊效果也不同。打开一幅图像，如下左图所示，分别将模式设置为"正常"和"变亮"时，涂抹后的对比效果如下中图和下右图所示。

5.3.2 锐化工具

"锐化工具"可以增加图像边缘的对比度，增强图像外观上的锐化程度，使模糊的图像变得清晰。选择该工具后，在图像中需要锐化的区域上单击或涂抹即可锐化图像。在锐化图像时，还可以勾选"锐化工具"选项栏中的"保护细节"复选框，保留画面中的细节部分，避免过度锐化而失真。

"锐化工具"选项栏中的"强度"选项用于控制锐化程度，参数越大，锐化的效果就会越明显。打开一幅图像，如下左图所示，分别设置"强度"值为 50% 和 100% 时，运用"锐化工具"锐化的对比效果如下中图和下右图所示。

5.3.3　涂抹工具

　　使用"涂抹工具"在图像中涂抹可产生扭曲像素的效果。在涂抹时可拾取开始涂抹位置的颜色，并沿鼠标拖曳的方向展开这种颜色。在选项栏中可设置画笔的大小，并利用"强度"选项控制扭曲程度。

　　用"涂抹工具"涂抹画面时，直接涂抹可以对图像进行扭曲处理，若勾选选项栏中的"手指绘画"复选框后再进行涂抹，则可在涂抹扭曲图像的同时为图像添加上颜色。如下左图所示为原图像，直接运用"涂抹工具"的涂抹效果如下中图所示，勾选"手指绘画"的涂抹效果如下右图所示。

5.3.4　加深工具

　　使用"加深工具"在图像中进行涂抹时可以将图像变暗。涂抹的次数越多，图像就会变得越暗。单击工具箱中的"加深工具"按钮，在打开的工具选项栏中设置各个选项，控制加深图像的效果。

　　"加深工具"选项栏中的"曝光度"选项可以调整加深的程度，设置的"曝光度"值越大，加深效果越明显，图像也就越暗。如下左图所示为原图像，设置"曝光度"为10%和100%时，涂抹后的图像效果如下中图和下右图所示。

　　使用"加深工具"对图像进行加深操作时，可以选择加深的范围，包括"中间调""阴影""高光"区域，选择不同的加深区域，可以得到不同的变暗效果。

5.3.5　减淡工具

　　"减淡工具"可以提高图像中的特定区域的亮度，此工具使用方法与"加深工具"相同，只需选择工具后在图像中涂抹即可对图像进行减淡处理。使用"减淡工具"时，也可以利用选项栏中的选项设置减淡的范围和强度。

　　在"减淡工具"选项栏中，"曝光度"选项主要用来控制图像的减淡程度，设置的参数值越大，图像的减淡效果就越明显。打开一幅图像，如下左图所示，将"曝光度"设置为 20% 和 100% 时，涂抹后的画面对比效果如下中图和下右图所示。

　　使用"加深/减淡工具"对图像进行加深/减淡操作时，可以通过勾选选项栏中的"保护色调"复选框来有效地保护图像的基本色调，防止加深或减淡图像时发生色相偏移。

5.3.6　海绵工具

　　使用"海绵工具"可以增强或降低图像的色彩饱和度。"海绵工具"与"加深/减淡工具"的使用方法相同，在工具箱中单击"海绵工具"按钮 🔘，然后在图像中单击或涂抹，即可增强或降低涂抹区域图像的色彩饱和度。

　　使用"海绵工具"时，可以在选项栏中选择"去色"和"加色"两种模式来处理图像中的颜色。打开一幅图像，如下左图所示，在图像上涂抹时选择"去色"模式，可降低图像颜色的饱和度，得到的效果如下中图所示，在图像上涂抹时选择"加色"模式，可提高图像颜色的饱和度，得到的效果如下右图所示。

实例01 去除画面中的污迹

图像中出现污迹，不但影响画面的整体效果，而且会给人一种非常脏的感觉。通过运用"修复画笔工具"可以快速去除图像中的污迹，得到更加干净、整洁的画面。

◎ 原始文件：随书资源 \ 素材 \05\01.jpg

◎ 最终文件：随书资源 \ 源文件 \05\ 去除画面中的污迹 .psd

01 打开原始文件，在"图层"面板中复制"背景"图层，得到"背景 拷贝"图层，使用"缩放工具"在照片划痕位置进行拖曳，放大图像显示，如下图所示。

03 按下Alt键并在干净的画面中进行取样，然后在污迹上方涂抹，对污迹进行修复。重复修复操作，直至得到干净的画面效果，如下图所示。

02 ❶单击工具箱中的"修复画笔工具"按钮 ，如下左图所示，❷在该工具选项栏中勾选"对齐"复选框，如下右图所示。

 实例02 清除照片中的多余人影

在拍摄照片时，如果拍摄者站于被拍摄物体的前面，就很容易受光线的影响，将自己的投影拍摄于画面中。这时可以使用"仿制图章工具"将画面中多余的投影去除，使画面更加干净。

◎ 原始文件：随书资源 \ 素材 \05\02.jpg

◎ 最终文件：随书资源 \ 源文件 \05\ 清除照片中的多余人影 .psd

01 打开原始文件，❶复制"背景"图层，得到"背景 拷贝"图层，❷执行"图像>自动颜色"命令，校正图像颜色，得到最自然的画面效果，如右图所示。

02 单击工具箱中的"仿制图章工具"按钮 ，❶在地面图像中单击，取样图像，如下左图所示，❷将鼠标移至人影上，单击并涂抹，修复图像，如下右图所示。

❶单击

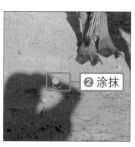
❷涂抹

03 继续使用"仿制图章工具"进行仿制涂抹操作，去除人影，如下左图所示。打开"调整"面板，❶单击"可选颜色"按钮 ，❷创建"选取颜色1"调整图层，如下右图所示。

可选颜色
❶单击

选取颜色 1
❷新建

04 打开"属性"面板，❶设置"红色"颜色百分比为+24%、+7%、+12%、+20%，如下左图所示；❷继续设置"黄色"颜色百分比为-93%、+7%、+59%、+44%，如下右图所示。

❶输入

❷输入

05 设置"黑色"颜色百分比为0%、0%、0%、+5%，如下左图所示，设置"可选颜色"选项后，软件将利用设置的参数

调整图像颜色，在图像窗口中查看设置后的效果，如下右图所示。

输入

技巧提示 更改调整图层选项

双击"图层"面板中创建的调整图层，即可在打开的"属性"面板中更改相应参数。

06 打开"调整"面板，❶单击"色相/饱和度"按钮 ，如下左图所示，❷在"图层"面板中新建"色相/饱和度1"调整图层，如下右图所示。

❷新建

色相/饱和度
❶单击

色相/饱和度 1
选取颜色 1
背景 拷贝

07 ❶在打开的"属性"面板中将全图"饱和度"设置为+16，如下左图所示，❷继续在面板中选择"蓝色"，❸输入"饱和度"为+62，如下右图所示。

❶输入 +16

❷选择
❸输入 +62

08 在图像窗口中查看应用"色相/饱和度"调整后的图像色彩，如下左图所示，按下快捷键Shift+Ctrl+Alt+E，盖印图层，得到"图层1"图层，如下右图所示。

技巧提示 合并图层与盖印图层的区别

合并图层是将几个图层合并为一个新图层，合并后，参与合并的图层就不存在了。而盖印图层虽然也是将几个图层合并为一个新图层，但盖印后这几个图层仍保持完好。

09 执行"滤镜>锐化>USM锐化"菜单命令，在打开的对话框中输入"数量"为37%、"半径"为0.8像素，如下左图所示，单击"确定"按钮，锐化图像，效果如下右图所示。

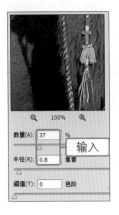 

实例03　在图像背景中添加图案

单一的背景会给人一种略显单调的感觉，在处理这类图像时，可以尝试在画面中添加一些或简单或复杂的图案，使画面变得丰富起来。利用自定义图案操作，可快速对指定的区域填充图案，让图像的视觉效果更加饱满。

◎ 原始文件：随书资源 \ 素材 \05\03.jpg、04.jpg

◎ 最终文件：随书资源 \ 源文件 \05\ 在图像背景中添加图案 .psd

01 打开原始文件"03.jpg"，创建"色相/饱和度1"调整图层，在打开的面板中选择"全图"，❶设置"饱和度"为+39，如下左图所示，❷选择"红色"选项，❸设置"饱和度"为+30，如下右图所示。

02 ❶选择"黄色"选项，❷设置"饱和度"为+5，如下左图所示，❸选择"绿色"选项，❹设置"饱和度"为+31，如下右图所示。

03 ❶继续在"属性"面板中将颜色选择为"蓝色"，❷并设置"饱和度"为+41，设置后在图像窗口中查看应用"色相/饱和度"调整后的效果，如下图所示。

04 创建"色阶1"调整图层，打开"属性"面板，输入色阶值为10、1.00、228，调整图像颜色，如下图所示。

05 盖印可见图层，按下快捷键Ctrl+Alt+4，将暗部区域图像载入选区，❶按下快捷键Ctrl+J，复制选区内的图像，得到"图层2"图层，❷设置图层混合模式为"叠加"、"不透明度"为20%，如下图所示。

06 打开原始文件"04.jpg"，执行"编辑>定义图案"菜单命令，在打开的"图案名称"对话框中输入名称"天空"，定义图案，如下图所示。

07 返回"03.jpg"图像窗口，选择"图案图章工具"，在其选项栏中打开"图案"拾色器，选择自定义的图案，新建"图

层3"图层，在图像下方进行涂抹，如下图所示。

08 隐藏新建的"图层3"图层，选择"图层1"图层，使用"快速选择工具"在天空区域单击，创建选区，如下图所示。

09 单击"图层3"图层前的"指示图层可见性"按钮 ，显示隐藏的"图层3"图层，单击"图层"面板底部的添加图层蒙版按钮，添加图层蒙版，如下图所示。

10 ❶按下快捷键Shift+Ctrl+Alt+E，盖印可见图层，得到"图层4"图层，❷再单击"添加图层蒙版"按钮 ，如下左图所示，❸为"图层4"图层添加图层蒙版，如下右图所示。

① 盖印
② 单击

③ 添加蒙版

12 再次盖印图层，得到新图层后为其添加蒙版。选择"渐变工具"，单击"前景色到背景色渐变"，在图像中拖曳鼠标填充径向渐变效果，设置图层混合模式为"叠加"、"不透明度"为30%，如下图所示。

设置

11 选择"渐变工具"，❶单击"前景色到背景色渐变"，在图像中拖曳鼠标填充线性渐变效果，❷设置图层混合模式为"叠加"、"不透明度"为30%，如下图所示。

① 单击
② 设置

实例04　模糊图像背景突出主体

　　将画面中的一部分图像模糊处理，可将人们的视线集中在需要表现的主体对象上。利用 Photoshop CC 中的"模糊"滤镜和模糊工具可以对图像进行适当的模糊处理，展现出主次分明的画面效果。

◎ 原始文件：随书资源 \ 素材 \05\05.jpg
◎ 最终文件：随书资源 \ 源文件 \05\ 模糊图像背景突出主体 .psd

01 打开原始文件，在"图层"面板中将"背景"图层拖曳至"创建新图层"按钮上，然后释放鼠标，复制图层，得到"背景 拷贝"图层，如下左图所示，使用"快速选择工具"单击图像中的人物部分，创建选区，如下右图所示。

复制

02 按下快捷键Shift+F6，打开"羽化选区"对话框，❶设置"羽化半径"为2像素，❷单击"确定"按钮，如下左图所示，羽化选区，如下右图所示。

① 输入　　② 单击
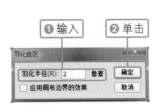

03 按下快捷键Shift+Ctrl+I，反选选区，如下左图所示。按下快捷键Ctrl+J，复制选区内的图像，得到"图层1"图层，在图像窗口中查看复制的图像，如下右图所示。

06 执行"滤镜>模糊>镜头模糊"菜单命令，打开"镜头模糊"对话框，❶设置"形状"为六边形，❷输入"半径"为17、"叶片弯度"为26、"旋转"为70，如下左图所示。设置完成后，单击"确定"按钮，进一步模糊图像，效果如下右图所示。

04 ❶执行"滤镜>模糊>镜头模糊"菜单命令，如下左图所示，打开"镜头模糊"对话框，❷设置"形状"为六边形，❸输入"半径"为10、"叶片弯度"为26、"旋转"为70，如下右图所示。

07 选择"图层1拷贝"图层，❶单击"添加图层蒙版"按钮，添加蒙版。选择"渐变工具"，从图像下方往上拖曳鼠标，填充渐变。再选择"画笔工具"，设置前景色为黑色，运用画笔再次编辑图层蒙版，还原不需要模糊的图像，如下左图所示。❷按下快捷键Shift+Ctrl+Alt+E，盖印图层，得到"图层2"图层，选择"模糊工具"，设置"强度"为25%，在画面中涂抹，适当对局部进行模糊，如下右图所示。

05 在图像窗口中查看模糊后的画面，如下左图所示，复制"图层1"图层，得到"图层1拷贝"图层，如下右图所示。

实例05 增加图像的明暗对比

　　强烈的色彩和明暗对比可以使图像中的景色表现得更加迷人，利用 Photoshop CC 中的"加深工具"或"减淡工具"可以对图像的明暗对比进行修饰，打造色彩饱满的画面效果。

◎ 原始文件：随书资源＼素材＼05＼06.jpg

◎ 最终文件：随书资源＼源文件＼05＼增加图像的明暗对比.psd

01 打开原始文件，❶复制"背景"图层，❷设置图层混合模式为"正片叠底"、"不透明度"为50%，如下图所示。

02 ❶按下快捷Shift+Ctrl+Alt+E，盖印图层，得到"图层1"图层。选择"减淡工具"，❷在选项栏中设置"范围"为"高光"、"曝光度"为20%，❸在靠近光源的位置涂抹，增加光晕，如下图所示。

技巧提示 保护色调

对图像进行加深或减淡处理时，勾选"保护色调"复选框，可以在加深或减淡图像时，保护图像的基本色调。

03 ❶执行"图层>复制图层"菜单命令，复制图层，得到"图层1拷贝"图层，单击工具箱中的"加深工具"按钮，❷在选项栏中设置"范围"为"中间调"、"曝光度"为40%，在图像上涂抹，加深中间调部分，如下图所示。

04 单击"调整"面板中的"色相/饱和度"按钮，新建"色相/饱和度1"调整图层，❶然后在打开的"属性"面板中选择"全图"选项，设置"饱和度"为+25，如下左图所示。❷选择"青色"选项，❸设置"饱和度"为+5，如下右图所示。

05 继续在面板中设置选项。❶选择"蓝色"，❷设置"饱和度"为+2，设置后可在图像窗口中查看效果，如下图所示。

06 创建"曲线1"调整图层，在打开的"属性"面板中单击并拖曳鼠标，调整曲线形状，进一步增加图像的对比效果，如下图所示。

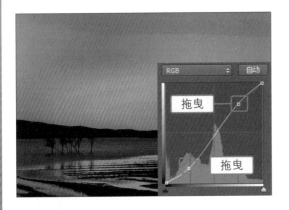

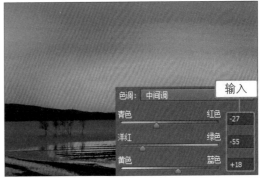

07 盖印图层，执行"滤镜>杂色>减少杂色"菜单命令，在打开的"减少杂色"对话框中设置各项参数，去除画面中的噪点，如下图所示。

10 单击工具箱中的"设置前景色"按钮，打开"拾色器（前景色）"对话框，在对话框中设置颜色值为R10、G57、B185，单击"确定"按钮，如下图所示。

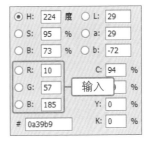

08 执行"选择>色彩范围"菜单命令，打开"色彩范围"对话框，在对话框中设置选择范围，创建不规则选区，如下图所示。

11 选择"渐变工具"，单击选项栏中的"点按可编辑渐变"按钮，在展开的面板中单击"前景色到透明渐变"，如下图所示。

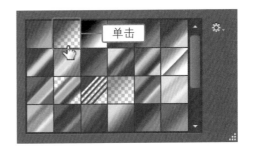

技巧提示 利用"颜色"面板设置颜色

　　执行"窗口>颜色"菜单命令，在打开的"颜色"面板中单击并拖曳色块，即可快速调整前景色或背景色。

09 创建"色彩平衡1"调整图层，选中"中间调"选项，设置颜色值为-27、-55、+18，进一步修饰选区颜色，如下图所示。

12 在"图层"面板中新建"图层3"图层，使用"渐变工具"从图像上方向下拖曳，填充渐变效果，如下图所示。

"宽度"为11.85厘米、"高度"为9.5厘米，然后单击"确定"按钮，扩展画布，再在图像上添加合适的文字，如下图所示。

 设置背景色为R229、G229、B229，执行"图像>画布大小"菜单命令，打开"画布大小"对话框，在对话框中设置

实例06　仿制图像打造可爱双生子效果

对画面中的人物进行复制，可以增强画面内容的丰富度。本实例利用"仿制图章工具"对图像进行仿制操作后，再通过调整颜色并添加文字，得到可爱的双生子效果。

◎ 原始文件：随书资源 \ 素材 \05\07.jpg、文字 .abr

◎ 最终文件：随书资源 \ 源文件 \05\ 仿制图像打造可爱双生子效果 .psd

01 打开原始文件，❶单击"创建新图层"按钮🔲，新建"图层1"图层，选中"仿制图章工具"，❷按下Alt键不放，单击取样图像，如下图所示。

02 在选项栏中设置样本为"所有图层"，然后在画面右侧单击并拖曳鼠标，进行图像的仿制操作，如下图所示。

> **技巧提示　设置仿制范围**
>
> 使用"仿制图章工具"仿制图像时，若设置范围为当前图层，则只会在当前图层中进行仿制。

03 执行"编辑>变换>水平翻转"菜单命令，翻转图像，单击"添加图层蒙

版"按钮 ，为"图层1"添加图层蒙版，再设置前景色为黑色，使用"画笔工具"在蒙版中涂抹，隐藏多余的图像，如下图所示。

创建并编辑

04 ❶按下快捷键Shift+Ctrl+Alt+E，盖印图层，❷设置图层混合模式为"正片叠底"、"不透明度"为50%，如下左图所示。

05 设置前景色为R210、G128、B85，选择"渐变工具"，单击选项栏中的"点按可编辑渐变"按钮，在展开的面板中单击"前景色到透明渐变"，如下右图所示。

❷设置 ❶盖印

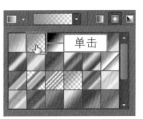

单击

06 ❶创建新图层，❷设置图层混合模式为"颜色"，使用"渐变工具"从图像上方向下拖曳，填充渐变效果，如下图所示。

❷选择 ❶新建

07 ❶按下快捷键Ctrl+J，复制图层，得到"图层3拷贝"图层，❷并设置图层混合模式为"滤色"、"不透明度"为50%，进一步修饰图像颜色，如下图所示。

❷设置 ❶新建

08 单击"调整"面板中的"色彩平衡"按钮 ，新建"色彩平衡1"调整图层，❶在打开的"属性"面板中设置"阴影"颜色为+17、-7、-5，如下左图所示，❷"中间调"颜色为+53、+65、+85，如下右图所示。

❶输入

❷输入

09 按下快捷键Shift+Ctrl+Alt+E，盖印可见图层。按下快捷键Ctrl+Alt+3，载入图像选区。❶按下快捷键Ctrl+J，复制选区内的图像，得到"图层5"图层，❷设置图层混合模式为"正片叠底"、"不透明度"为40%。载入"文字.abr"笔刷，然后选择载入的文字笔刷，再创建一个新图层，在两个人物图像中间位置单击，添加文字图案，最终效果如下图所示。

❷设置 ❶复制

第6章 矢量图形的创建和编辑

运用 Photoshop CC 提供的图形绘制工具可以创建出任意形态的矢量图形，包括规则的几何图形以及其他形态的图形。创建路径后还可以结合路径编辑工具对路径做进一步处理，制作出各种漂亮的艺术图形效果。

6.1 创建矢量图形

在 Photoshop CC 中，可以利用多种图形工具创建出任意的矢量路径组成的图形，也可以选择预设的各种形态直接进行绘制，然后对绘制的图形填充颜色、添加样式等，结合工具选项栏中的各个选项可以控制绘制效果。

6.1.1 钢笔工具

使用"钢笔工具"可绘制出任意形态的路径效果。选择"钢笔工具"后，单击画面添加锚点，再将两个锚点以直线或曲线连接，即可组合成图形。利用"钢笔工具"选项栏的选项还可以对路径的形态、组合方式等进行调整。

1. 设置路径绘制模式

"钢笔工具"选项栏中有用于设定绘制模式的选项，包括"形状""路径""像素"3 种。若选择"形状"选项，则绘制的路径将以形状图层的形式出现，同时自动用前景色填充路径，如下左图所示。若选择"路径"选项，将只生成工作路径，如下右图所示。"像素"选项只有在选择规则图形工具时才可用。

2. 调整几何选项

在运用"钢笔工具"绘制路径时，通过勾选"橡皮带"复选框，可以在绘制时显示出外延线条效果。选中"钢笔工具"，单击选项栏中的"几何体选项"按钮 ⚙，在下方弹出"橡皮带"复选框，勾选"橡皮带"复选框，启用橡皮带功能。如下左图和下右图所示分别为勾选该复选框和取消勾选时所绘制的路径效果。

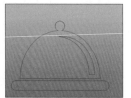

3. 自动添加/删除

勾选"自动添加/删除"复选框后，使用"钢笔工具"绘制路径时将会自动在路径上添加或删除锚点，在画面中绘制一条曲线路径，将鼠标移至已绘制的锚点上，此时鼠标指针下方将会显示"-"号，表示可单击删除该锚点，将鼠标移至路径上，将会在鼠标指针下方显示"+"号，表示可单击添加锚点，如右图所示。

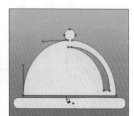

4. 多种路径组合方式

在绘制路径时，可以利用"路径操作"按钮对路径的组合方式进行设置。单击选项栏中的"路径操作"按钮，在打开的菜单中即可选择各种不同的操作方式，对路径进行组合设置。选择不同组合方式绘制出的图形效果如下图所示。

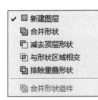 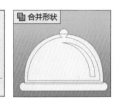  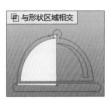 

> **📖 知识补充**
>
> 在使用"钢笔工具"时，直接单击可将两点之间以直线连接；单击时按下鼠标拖曳，则可出现用于控制曲线的方向手柄，此时拖曳可创建曲线路径。

6.1.2　自由钢笔工具

使用"自由钢笔工具"可根据鼠标的移动轨迹绘制路径。在绘制简洁形态的图形时，无需确定锚点的位置，使用"自由钢笔工具"在图像中拖曳，即可创建出路径形态，得到各种艺术图形。

应用"自由钢笔工具"绘制图案时，勾选选项栏中的"磁性的"复选框，可以模仿"磁性套索工具"功能，沿图像轮廓边缘拖曳就会自动创建路径。打开一幅图像，如下左图所示，勾选"磁性的"复选框，沿图像边缘拖曳，如下中图所示，绘制的图形效果如下右图所示。

6.1.3　矩形工具

使用"矩形工具"可以绘制出矩形路径或形状，使用方法与"矩形选框工具"相同。选择"矩形工具"后，单击选项栏中的"几何体选项"按钮，将会打开"矩形选项"面板，在面板中可以选择绘制矩形的方式。

1. 绘制任意矩形

在"几何体选项"面板中单击"不受约束"单选按钮，单击并拖曳鼠标，可绘制任意大小的矩形，如右图所示。

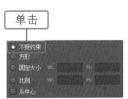

2. 绘制正方形

在"几何体选项"面板中单击"方形"单选按钮，然后在图像中单击并拖曳鼠标，可以绘制出正方形效果，如下图所示。

3. 以固定大小绘制

在"几何体选项"面板中，❶单击"固定大小"单选按钮，❷在后方的文本框中输入"宽度"和"高度"值，单击并拖曳鼠标，可绘制固定大小的矩形，如下图所示。

4. 以固定的宽高比例绘制

在"几何体选项"面板中，❶单击"比例"单选按钮，❷然后在后方的文本框中输入数值，单击并拖曳鼠标，则可按设定的宽高比例绘制矩形，如下图所示。

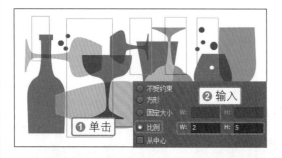

5. 从中心绘制

默认以鼠标单击处和释放处的连线为对角线生成矩形，若勾选"几何体选项"面板中的"从中心"复选框，再单击并拖曳，可以绘制出以单击处为中心的矩形，如下图所示。

> **知识补充**
>
> 选择"矩形工具"后，若不勾选"从中心"复选框，在使用鼠标单击并开始拖曳后，按住Alt键不放继续拖曳，也可以单击处为矩形的中心点进行绘制。

6.1.4 圆角矩形工具

使用"圆角矩形工具"可以绘制带有平滑转角的矩形。在其选项栏中可通过"半径"选项对圆角的半径进行设置，设置的"半径"值越大，所绘制的圆角弧度就越大。

打开下左图所示的素材图像，选择"圆角矩形工具"，在选项栏的"半径"选项后的文本框中设置"半径"为10像素，绘制的圆角矩形如下中图所示。若设置"半径"为100像素，绘制的圆角矩形如下右图所示。

  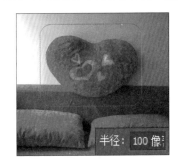

6.1.5 椭圆工具

使用"椭圆工具"可以绘制椭圆形或正圆形。单击工具箱中的"椭圆工具"按钮 ◉，在图像中单击并拖曳即可绘制椭圆形。使用"椭圆工具"绘制图形时，若按住 Shift 键再进行绘制，可以得到正圆形效果。

绘制椭圆时，既可以在一个画面中绘制出单一的椭圆效果，也可以通过选择"路径操作"选项，将多个圆形加以组合，得到简单的卡通形态效果。打开一幅图像，如下左图所示，在图像中绘制一个和多个圆形后的效果如下中图和下右图所示。

6.1.6 多边形工具

"多边形工具"可以绘制出具有多条边的图形，在绘制时只需要在选项栏中对"边数"数值进行设置，即可控制所绘制的多边形的边数。单击"多边形工具"选项栏中的"几何体选项"按钮，打开"几何体选项"面板，在面板中可设置"半径""平滑拐角""星形"等选项。

1. 平滑拐角

勾选"几何体选项"面板中的"平滑拐角"复选框，可绘制出拐角平滑的多边形图案。设置多边形"边数"为 6 时，绘制的多边形效果如下左图所示；勾选"平滑拐角"复选框时，绘制出的多边形效果如下右图所示。

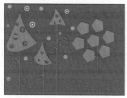 

2. 缩进边依据

勾选"几何体选项"面板中的"缩进边依据"复选框，可设置星形缩进边的百分比，设置的参数值越大，所绘制的星形边角就越长，如下左图和下右图所示分别是以不同"缩进边依据"值所绘制的星形效果。

3. 平滑缩进

"平滑缩进"选项用于设置星形的内陷呈平滑效果。在"多边形选项"面板中勾选"星形"复选框，再勾选"平滑缩进"复选框，如下左图所示，绘制出的图形效果如下右图所示。

 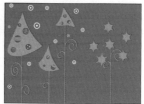

6.1.7 直线工具

利用"直线工具"可以绘制出任意长短的直线段，还可以在直线上添加箭头效果。在工具箱中选择"直线工具"后，利用选项栏中的"粗细"选项可设置直线的宽度。单击"几何体选项"按钮，还可以在直线的起点或终点上添加箭头效果。

1. 添加箭头

"起点"和"终点"复选框用于设置箭头的位置是起点还是终点。选择"直线工具"后，在选项栏中设置"粗细"为 10 像素，然后在图像中绘制直线。勾选"起点"复选框，如下左图所示，在直线的起点位置会出现箭头；当同时勾选"终点"和"起点"复选框，会在直线的两端都添加上箭头，如下右图所示。

2. 调整箭头的凹度

利用"凹度"选项可以调整箭头的凹陷效果，可输入参数值为 -50% ～ 50%。当设置"宽度"和"长度"为 1000%、"凹度"为 0%，如下左图所示，使用"直线工具"绘制出的图形如下中图所示；当设置"凹度"为 50% 时，绘制出的图形如下右图所示。

> **知识补充**
>
> 使用"直线工具"绘制直线时，若按住 Shift 键进行绘制，可以绘制出水平、垂直或者以 45° 倾斜的直线。

6.1.8　自定形状工具

使用"自定形状工具"可直接绘制 Photoshop CC 提供的多种预设图形形状，还可以将自己绘制的各种路径存储为形状，或将下载的形状载入并用于图形的绘制。

选择"自定形状工具"后，在选项栏中单击"点按可打开'自定形状'拾色器"按钮，打开"形状"拾色器，在其中即可选择要绘制的图形形状。打开如下左图所示的素材图像，选择"自定形状工具"，在"形状"拾色器中选取"会话3"形状，如下中图所示，在图像中绘制图形并添加文字，得到如下右图所示的效果。

 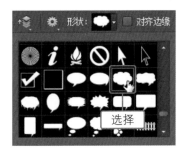 

6.2　路径的移动和编辑

利用 Photoshop CC 提供的图形绘制工具创建路径或形状后，还可以结合各种路径编辑工具对路径进行更深入的编辑与设置，例如在路径中添加或删除锚点、转换路径锚点、选择路径并对路径锚点进行移动等。

6.2.1　路径选择工具

"路径选择工具"可选中路径并对路径进行移动、调整、对齐、组合等编辑。绘制了多条路径时，使用"路径选择工具"可以选中其中一条路径进行调整，也可以同时选取多条路径进行调整。

选择多条路径后，在选项栏中可为路径设置不同的组合方式，把多条路径组合成一条路径。使用"路径选择工具"选取多条路径，如下左图所示。单击选项栏中的"路径操作"按钮，再单击"合并形状组件"选项，如下中图所示，即可将其组合为一条工作路径，效果如下右图所示。

 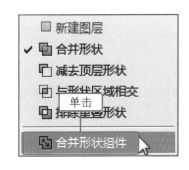 

6.2.2　直接选择工具

使用"直接选择工具"可选择路径上的一个或多个锚点，在选中锚点后可以对锚点的位置进行移动调整，以编辑出不同的路径形状。在路径中使用"直接选择工具"单击锚点时，所选中的锚点将会以实心点显示，而其他未选中的锚点将会以空心点显示。如下左图所示为绘制的图形效果，使用"直接选择工具"在路径锚点上单击，选中锚点并进行拖曳，如下中图所示，反复拖曳路径上的锚点，可以调整图形的外形轮廓，效果如下右图所示。

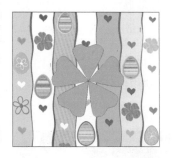 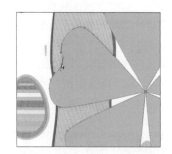 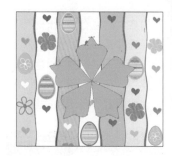

6.2.3 添加/删除锚点工具

创建了路径或形状图层后，可以使用"添加锚点工具"和"删除锚点工具"在路径上添加或删除锚点，以调整路径形态。使用"添加锚点工具"在路径上单击，可添加锚点；使用"删除锚点工具"在路径上的锚点上单击，可删除锚点。

1. 添加锚点

单击工具箱中的"添加锚点工具"按钮，将鼠标移至路径上需要添加锚点的位置，如下左图所示。单击即可添加一个锚点，如下右图所示。添加锚点后将不会影响路径的形态，需要调整锚点时，拖曳控制手柄即可。

2. 删除锚点

单击工具箱中的"删除锚点工具"按钮后，将鼠标移到路径的锚点上，如下左图所示，单击即可删除该位置的锚点，如下右图所示。删除锚点后将会调整路径的形态。

6.2.4 转换点工具

使用"转换点工具"可以将锚点转换为直线点或曲线点，从而改变路径的形态。在直线锚点上单击并拖曳，可将锚点转换为带有控制手柄的曲线锚点；在曲线锚点上单击，则可将锚点转换为没有控制手柄的直线锚点。

对路径的锚点进行转换前，先使用"直接选择工具"选中画面中的工作路径，再单击"转换点工具"按钮，然后在锚点上单击并拖曳，如下左图所示。通过反复调整锚点，如下中图所示，将得到新的路径形态，如下右图所示。

在 Photoshop CC 中，所有创建的路径都可以在"路径"面板中显示出来，利用"路径"面板可以查看工作路径、矢量蒙版路径和存储工作路径等。除此之外，使用"路径"面板还可以对创建的工作路径进行填充、描边等操作。

6.3.1 认识"路径"面板

在图像中创建路径时，系统会自动将创建的路径以"工作路径"为名称保存到"路径"面板中，并且为便于选择和修改路径，还可以重新对路径进行设置。执行"窗口 > 路径"菜单命令，即可打开隐藏的"路径"面板。

1. 将路径作为选区载入

在图像中创建工作路径后，可以将该路径作为选区载入。先选中路径，如下左图所示，然后单击"路径"面板中的"将路径作为选区载入"按钮 ，如下中图所示，即可将路径载入到选区中，如下右图所示。

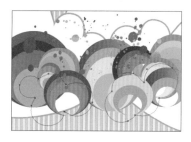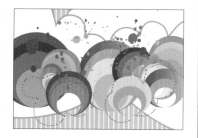

2. 从选区生成工作路径

使用选区工具在图像中创建选区后，可将创建的选区生成为工作路径。如下左图所示，先使用选区工具在图像中绘制选区，然后单击"路径"面板中的"从选区生成工作路径"按钮 ，如下中图所示，将选区转换为工作路径，如下右图所示。

3. 创建新路径

使用"路径"面板可以快速创建新的工作路径，单击面板底部的"创建新路径"按钮 ，即可创建新的空白路径，如下左图所示。若将"工作路径"拖曳至"创建新路径"按钮 上，如下中图所示，则可以将"工作路径"转换为"路径 1"，如下右图所示。

4. 删除工作路径

当不再需要路径时，可以将其删除。❶选中"路径"面板中的路径，如下左图所示，❷单击面板底部的"删除当前路径"按钮🗑，打开提示对话框，❸此时单击"是"按钮，如下中图所示，将选中的路径删除，如下右图所示。

6.3.2　将路径转换为选区

在 Photoshop CC 中创建的任何路径都可以建立为选区。既可以通过单击"路径"面板中的"将路径作为选区载入"按钮将路径快速载入为选区，也可以通过执行"建立选区"命令将路径转换为选区，并通过对话框来调整选区范围及选区的操作方式等。

利用"建立选区"命令不仅可以载入选区，还可以对选区进行羽化设置。单击"路径"面板右上角的扩展按钮▤，在打开的面板菜单中执行"建立选区"命令，打开"建立选区"对话框，输入"羽化半径"为 1 像素，如下左图所示。建立选区前后的图像对比效果如下中图和下右图所示。

6.3.3　填充路径

路径不但可以使用前景色进行填充，还可以使用各种图案进行填充。先在"路径"面板中选中需要填充的工作路径，然后单击面板右上角的扩展按钮▤，在打开的面板菜单中执行"填充路径"菜单命令，即可打开"填充路径"对话框。在对话框中可对填充路径的内容、模式及不透明度进行设置。

1. 指定填充内容

在"填充路径"对话框中，通过"内容"选项可以设置用于填充路径的内容。单击"内容"选项右侧的下拉按钮，在打开的下拉列表中可以选择填充方式，如下左图所示，当选择"前景色"和"图案"填充方式时，填充路径后的效果分别如下中图和下右图所示。

2. 羽化填充区域

利用"填充路径"对话框中的"羽化半径"选项可以设置路径边缘的填充效果，设置的参数值越大，所填充的路径边缘就越柔和，如下左图和下右图所示。

> **知识补充**
>
> "填充路径"对话框中提供了一个"消除锯齿"复选框，勾选此复选框可以平滑填充路径的边缘，避免边缘出现较明显的锯齿。

6.3.4 描边路径

利用"描边路径"命令可以绘制路径的边框，即沿路径边缘创建绘画描边效果。在 Photoshop CC 中可以通过设置画笔的形态来改变路径描边的效果，也可以通过在"描边路径"对话框中选择不同的工具来对路径进行描边。

单击"路径"面板右上角的扩展按钮■，在打开的面板菜单中执行"描边路径"命令，打开"描边路径"对话框，在对话框中选择用于描边的工具，如下左图所示，如下中图和下右图所示分别为描边前后的路径效果。

实例01　绘制可爱的卡通图形

将大小不同的简单圆形图案进行巧妙的组合，就可以得到各种可爱的卡通形象。本实例将利用"椭圆工具"绘制出一个非常可爱的卡通兔子图案。

◎ 原始文件：无

◎ 最终文件：随书资源 \ 源文件 \06\ 绘制可爱的卡通图形 .psd

01 执行"文件>新建"菜单命令，打开"新建"对话框，在对话框中设置新建图像的名称、宽度、高度等，如下图所示。单击"确定"按钮，创建一个新文件。

02 执行"窗口>颜色"菜单命令，打开"颜色"面板，单击并拖曳面板中的滑块，将前景色设置为R248、G192、B217，如下左图所示。

03 单击"图层"面板底部的"创建新图层"按钮，新建"图层1"图层，按下快捷键Alt+Delete，用设置的前景色填充图像，如下右图所示。

04 单击工具箱中的"椭圆工具"按钮，将前景色设置为白色，并在选项栏中选择"形状"选项，然后绘制一个白色圆形，如下左图所示。运用同样的方法在白色圆形中添加更多填充不同颜色的圆形，组合成一个图案，如下右图所示。

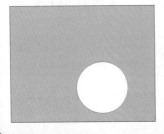

05 继续使用"椭圆工具"在图像中绘制椭圆图形，如下左图所示。绘制后单击选项栏中的"路径操作"按钮，在打开的列表中选择"排除重叠形状"选项，如下右图所示。然后在绘制的椭圆中单击并拖曳鼠标，绘制一个稍小的椭圆，得到可爱的耳朵图案。

06 按下快捷键Ctrl+T，打开变换编辑框，旋转图形，如下左图所示。使用"直接选择工具"单击选中路径，然后调整路径中的锚点，使耳朵图案变得更加形象，如下右图所示。

07 选择调整形态后的耳朵图案，按下快捷键Ctrl+J，复制图层。结合"变换"命令，对复制的图案进行调整，得到另一个耳朵图案，如下图所示。

08 设置前景色为R99、G1、B4。使用"椭圆工具"绘制一个正圆形，如下左图所示。单击选项栏中的"路径操作"按钮，选择"减去顶层形状"选项，绘制一个椭圆形对正圆形进行剪裁，如下右图所示。

09 使用"钢笔工具"绘制路径，打开"路径"面板，单击"将路径作为选区载入"按钮，载入选区，并将其颜色填充为R237、G27、B36，如下图所示。

10 隐藏"背景"及"图层1"图层，按下快捷键Shift+Ctrl+Alt+E，盖印可见图层，盖印后，可查看到绘制的可爱的兔子形象，如下左图所示。

11 执行"编辑>变换路径>水平翻转"菜单命令，翻转图像，按下快捷键Ctrl+T，打开变换编辑框，调整图像的大小和位置，并取消隐藏"背景"及"图层1"图层，如下右图所示。

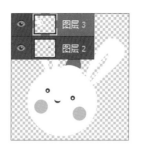 

12 单击工具箱中的"椭圆工具"按钮，在图像中绘制两个圆形，然后选中对应的形状图层，将图层复制并适当降低不透明度后，移至画面左下角，如下图所示。

13 选中"自定形状工具"，单击"形状"右侧的下拉按钮，在打开的面板中选择合适的雪花形状，然后在画面中单击并拖曳鼠标，添加雪花，最后运用文字工具添加文字修饰图像，如下图所示。

实例02　绘制简洁的招贴画

　　招贴是指张贴在公共场所以达到宣传目的的文字或图画。本实例结合"钢笔工具"和"路径"面板，绘制一幅简洁的广告招贴画。

◎ 原始文件：无

◎ 最终文件：随书资源 \ 源文件 \06\ 绘制简洁的招贴画 .psd

01 执行"文件>新建"菜单命令，打开"新建"对话框，❶在对话框中输入新建文件的名称，❷设置文件大小，如下图所示，单击"确定"按钮，新建文件。

02 设置前景色为R216、G223、B32，如下左图所示，新建图层，按下快捷键Alt+Delete，填充图像，如下右图所示。

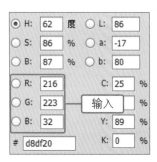

03 单击工具箱中的"钢笔工具"按钮，在画面中绘制路径，如下左图所示。打开"路径"面板，单击底部的"将路径作为选区载入"按钮，载入路径选区，如下右图所示。

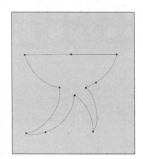
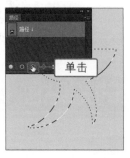

04 ❶单击"图层"面板底部的"创建新图层"按钮，❷新建"图层2"图层，如下左图所示。设置前景色为黑色，填充路径选区，如下右图所示。

05 单击工具箱中的"钢笔工具"按钮，在画面中绘制路径，如下左图所示。按下快捷键Ctrl+Enter，将路径作为选区载入，设置前景色为R253、G242、B0，新建图层，按下快捷键Alt+Delete，将选区填充为设置的前景色，如下右图所示。

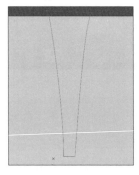
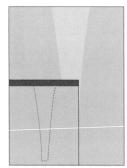

06 继续使用同样的方法绘制更多路径，并在将其转换为选区后，填充上不同的颜色，得到丰富的画面，如下左图所示。

07 按住Ctrl键不放，同时选中画面上方绘制的彩色图形所在图层，按下快捷键Ctrl+Alt+E，盖印选中图层，如下右图所示，执行"编辑>变换>水平翻转"菜单命令，翻转图像。

如下左图所示，然后在选区中拖出渐变颜色，如下右图所示。

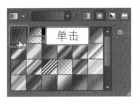

技巧提示 设置描边选项

使用"钢笔工具"以"形状"模式绘制图形时，单击"描边"选项后方的颜色块，可以激活描边选项，此时可以设置描边粗细及颜色等。

08 选中彩色图形所在图层，按下快捷键 Ctrl+T，打开变换编辑框，适当调整图像的大小和位置，如下左图所示，使画面内容更加整洁。

09 使用"钢笔工具"在画面底部绘制路径，单击"路径"面板中的"将路径作为选区载入"按钮，载入选区，如下右图所示。

11 继续使用"钢笔工具" 在图像中绘制路径，然后将路径转换为选区，新建图层，将选区填充为白色，如下图所示。

10 设置前景色为R22、G19、B102，背景色为R1、G107、B180。选择"渐变工具"，选择"从前景色到背景色渐变"，

12 使用"椭圆工具"在白色图形上绘制一个黑色小圆，更改前景色为R237、G0、B140后继续绘制玫红色小圆，如下左图所示。绘制完后在画面中添加文字，进一步修饰图像，如下右图所示。

la mirada do nosotros::latinoamerica hoy

实例03 用"钢笔工具"精确抠图

将矢量图形与人物图像结合在一起，可以给人带来一种与众不同的新颖感。本实例使用"钢笔工具"将人像照片中复杂的人物图像精细地抠取出来，并替换上矢量图形背景，得到全新的画面效果。

◎ 原始文件：随书资源 \ 素材 \06\01.jpg、02.jpg

◎ 最终文件：随书资源 \ 源文件 \06\ 用"钢笔工具"精确抠图 .psd

01 打开原始文件"01.jpg"，如下左图所示，单击工具箱中的"钢笔工具"按钮 ✎，沿着人物边缘单击并拖曳鼠标，绘制路径，如下右图所示。

02 继续使用"钢笔工具"沿着人物图像边缘绘制路径，如下左图所示。完成后打开"路径"面板，查看路径形态，如下右图所示。

03 单击"路径"面板右上角的扩展按钮，❶在打开的面板菜单下执行"建立选区"命令，如下左图所示。打开"建立选区"对话框，❷设置"羽化半径"为1像素，如下右图所示，单击"确定"按钮。

04 确认后，即可将绘制的路径转换为选区效果，如下左图所示，得到精确的人像选区。

05 打开原始文件"02.jpg"，使用"移动工具"把选区中的人物拖至矢量图形背景图像中，得到"图层1"图层，如下右图所示。

06 在"图层"面板中选择"图层1"图层，执行"编辑>变换>水平翻转"菜单命令，如下图所示，翻转图像。

07 按下Ctrl键不放，单击"图层"面板中的"图层1"图层缩览图，将该图层中的人物载入选区，如下图所示。

08 单击"调整"面板中的"曲线"按钮，新建"曲线1"调整图层，打开"属性"面板，分别设置红、绿通道中的曲线图，如下左图和下右图所示。

开"段落"面板，设置首行缩进为4点，如下图所示。

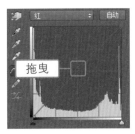

09 继续在"属性"面板中设置蓝通道曲线，设置后在图像窗口中查看应用"曲线"调整后的效果，如下图所示。

11 结合"横排文字工具"和"字符"面板，在画面中添加上合适的文字，如下图所示。

10 选择"横排文字工具"，在图像右侧绘制文本框，输入段落文本，然后打

实例04　绘制路径并填色

本实例利用"钢笔工具"绘制各种不同形态的路径，再填充上合适的颜色，制作出一幅美观、大方的矢量插画。

◎ 原始文件：无

◎ 最终文件：随书资源 \ 源文件 \06\ 绘制路径并填色 .psd

01 执行"文件>新建"菜单命令，打开"新建"对话框，在对话框中设置新建文件的名称、大小等，如下左图所示，然后单击"确定"按钮。

02 新建图层，设置前景色为R247、G226、B186，填充图像，如下右图所示。

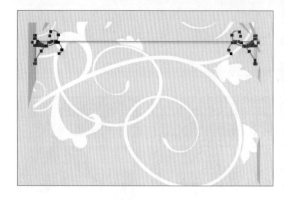

03
单击工具箱中的"钢笔工具"按钮 ，在图像中绘制路径，如下左图所示。执行"窗口>路径"菜单命令，打开"路径"面板，然后单击"将路径作为选区载入"按钮 ，载入选区，新建"图层2"图层，并将选区填充为白色，如下右图所示。

07
打开"路径"面板，单击"将路径作为选区载入"按钮，载入选区，新建"图层3"图层。设置前景色为R104、G53、B50，填充选区，如下图所示。

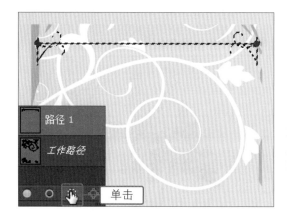

04
在"图层"面板中选中"图层2"图层，设置图层混合模式为"颜色减淡"，如下左图所示。

05
单击工具箱中的"钢笔工具"按钮 ，在选项栏中设置模式为"形状"，并调整颜色，然后在画面中绘制不规则的图形效果，如下右图所示。

08
继续使用"钢笔工具"在图像中绘制路径，打开"路径"面板，单击"将路径作为选区载入"按钮 ，载入选区。新建图层，设置前景色为R104、G53、B50，填充选区，如下图所示。

06
在选项栏中设置模式为"路径"，继续在图像中绘制路径，如下图所示。

09
继续使用同样的方法在图像中绘制更多的路径，然后将路径转换为选区，

新建图层后为选区填充上不同的颜色。同时选
中"图层8"至"图层16"图层，按下快捷键
Ctrl+Alt+E，盖印图层，并将盖印后的"图层16
（合并）"图层移至"图层8"下方，如下左图
所示。

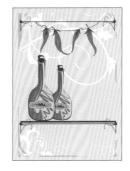

10 按下快捷键Ctrl+T，打开变换编辑
框，对图像的大小进行适当的调整，
如下右图所示。

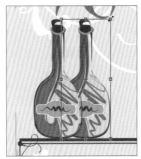

11 按下Ctrl键的同时单击"图层16（合
并）"图层缩览图，载入图层选区，
如下左图所示。设置前景色为R172、G92、
B63，新建图层，填充选区，如下右图所示。

12 选择新建的图层，设置该图层的混合
模式为"正片叠底"、"不透明度"为
70%，如下左图所示。设置后继续使用图形绘
制工具在图像中绘制更多的矢量图案，最后在
画面下方添加文字修饰版面，如下右图所示。

实例05　载入形状绘制图像

　　形式多样的图形可为画面增加时尚感。本实例先对拍摄的人像照片进行光影和色彩修饰，然后
将下载的形状载入至"自定形状工具"的"自定形状"拾色器中，选择合适的形状绘制在画面中，
制作出甜美浪漫的人像写真效果。

◎ **原始文件**: 随书资源 \ 素材 \06\03.jpg、形状 01.csh、形状 02.csh

◎ **最终文件**: 随书资源 \ 源文件 \06\ 载入形状绘制图像 .psd

01 打开原始文件，复制"背
景"图层，设置图层混合模
式为"正片叠底"、"不透明度"为
50%，为图层添加图层蒙版，并为蒙
版填充"黑，白渐变"，调整图像，
效果如右图所示。

02 创建"色彩平衡"调整图层,在打开的面板中分别设置"中间调"色调的参数为-15、-41、-34,如下左图所示。设置后的图像效果如下右图所示。

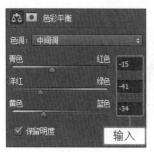 

03 创建"通道混合器"调整图层,❶并在"属性"面板中设置"红"通道颜色比例为+141%、-7%、0%,如下左图所示。❷设置"蓝"通道颜色比例为-9%、+28%、+62%,如下右图所示。

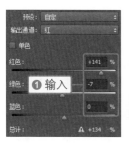 

04 单击"通道混合器1"图层蒙版缩览图,使用"画笔工具"在蒙版中涂抹,如下左图所示,隐藏一部分图像,效果如下右图所示。

05 创建"曲线1"调整图层,❶在"属性"面板中单击并向上拖曳曲线。创建"照片滤镜1"调整图层,❷在打开的面板中选择"红"滤镜,❸设置"浓度"为39%,如下左图所示。调整图像的颜色和亮度,效果如下右图所示。

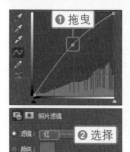 

06 单击工具箱中的"透视裁剪工具"按钮,沿着图像绘制一个稍大的裁剪框,如下图所示。

07 按下Enter键,裁剪图像,扩展画布。再按下快捷键Shift+Ctrl+Alt+E,盖印图层,得到"图层1"图层,如下图所示。

08 按下快捷键Ctrl+T,打开变换编辑框,适当调整盖印图像的大小并移至画面右侧。选中"椭圆选框工具",在图像中的合适位置绘制选区,如下图所示。

09 选中"图层1"图层，单击"图层"面板底部的"添加图层蒙版"按钮 ，添加图层蒙版，如下图所示。

添加蒙版

10 选择"自定形状工具" ，在其选项栏中打开"自定形状"拾色器，单击选择形状。设置前景色为R239、G143、B184，然后在图像中绘制形状，如下图所示。

单击

11 再次在"自定形状工具"的选项栏中打开"自定形状"拾色器，❶单击拾色器右上角的扩展按钮 ，如下左图所示。

❷在打开的菜单中执行"载入形状"命令，如下右图所示。

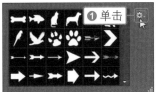 

❶单击

预设管理器...
复位形状...
载入形状...
存储形状...

❷单击

12 打开"载入"对话框，❶在对话框中选择要载入的形状，❷单击"载入"按钮，如下图所示。

❶选择

❷单击

13 ❶在"自定形状"拾色器中选择载入的图形，❷将绘制方式设置为"形状"，然后在画面右侧单击并拖曳鼠标，绘制自定形状，如下图所示。

形状   填充：   描边：

❷选择

❶单击

14 ❶选择绘制的形状图层，执行"图层>排列>后移一层"菜单命令，调整图层顺序，❷再按下快捷键Ctrl+J，复制图层，得到"形状2拷贝"图层，如下图所示。

① 调整顺序

② 复制

15 按下快捷键Ctrl+T，执行"编辑>变换>旋转"菜单命令，然后将鼠标移至变换编辑框右上角，当鼠标指针变为折线箭头时，拖曳鼠标，旋转图形，如下图所示。

16 应用同样的方法将"形状02"载入至"自定形状"拾色器中，然后使用载入的形状绘制图形，如下图所示。

单击

17 单击工具箱中的"矩形选框工具"按钮，在图像边缘绘制选区，如下左图所示。

18 新建图层，设置前景色为R239、G143、B184，填充选区，再结合图形绘制工具和文字工具修饰画面，如下右图所示。

学习笔记

第7章　文字的创建与设置

Photoshop CC 提供了完善的文字创建和编辑功能，利用多种文字工具可为图像添加任意视觉效果的文字。创建文字时还可利用各种文字编辑选项更改文字格式，或对文字进行变形、沿路径排列、转换为形状等操作，通过这些高级编辑功能能够使字体效果更具设计感。

7.1　使用文字工具创建文字

文字能直观地传达出图像的信息，使用 Photoshop CC 为图像添加或编辑文字是非常简单和方便的。用户可根据设计需求，选择适合的文字工具并在画面中创建不同的文字效果。文字工具包括"横排/直排文字工具""横排/直排文字蒙版工具"，使用这些工具就能快速完成文字的创建。

7.1.1　横排文字工具

"横排文字工具"是最常用的文字工具，可在图像中创建横向排列的文字。在工具箱中单击"横排文字工具"按钮 T，选择该工具后，在需要添加文字的位置单击，出现文字输入光标后输入需要的文字即可。

打开一幅素材图片，如下左图所示，选择"横排文字工具"，在图像左侧空白区域单击确定输入起点，然后输入文字，文字即自动横向排列出来，效果如下右图所示。

7.1.2　直排文字工具

"直排文字工具" T 可以在图像中创建垂直方向排列的文字，使用方法与"横排文字工具"相同，在需要添加文字的位置单击，出现输入光标后，输入需要的文字即可。

打开一幅图像，如下左图所示，使用"直排文字工具"在画面中要输入直排文字的位置单击，出现文字输入光标后输入文字，效果如下右图所示。

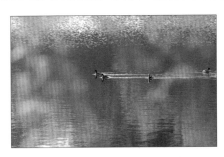

7.1.3 横排/直排文字蒙版工具

使用"横排文字蒙版工具" 和"直排文字蒙版工具" 可以在画面中创建出横排或直排的文字选区，然后再为选区填充内容，即可展现文字。使用"横排 / 直排文字蒙版工具"在图像中单击并输入文字，输入的文字呈半透明的红色蒙版效果，退出文字编辑状态后，文字将以选区的形式呈现 出来。

1. 横排文字选区

在"横排文字工具"的隐藏工具中单击"横排文字蒙版工具"，在图像中单击并输入文字，显示蒙版效果，如下左图所示，完成输入后单击工具箱中的任意工具，退出文字编辑状态，创建文字选区，效果如下右图所示。

2. 直排文字选区

单击"直排文字蒙版工具"按钮，将鼠标移至画面中的适当位置，单击并输入文字，如下左图所示，退出文字编辑状态后，创建文字选区。若需要为选区填充颜色，则按下快捷键 Alt+Delete，用设置的前景色为选区填充颜色，效果如下右图所示。

7.2 字符的设置

使用文字工具创建文字后，还可以对文字的效果做进一步的编辑。在 Photoshop CC 中，设置"字符"面板中的选项能够对文字进行进一步的编辑，包括更改文字字体、大小、颜色等，还可以利用"字符样式"面板创建新的字符样式，或者存储设置的字符效果等。

7.2.1 认识"字符"面板

执行"窗口 > 字符"菜单命令，即可打开"字符"面板。可在使用文字工具创建文字前先利用"字符"面板设置文字字体、大小、行距、颜色等属性，也可以在创建文字后，利用"字符"面板对文字属性进行更改，让文字与图像版面风格更统一。

打开一张已经添加文字的素材图像，在"图层"面板中选中对应的文字图层，执行"窗口 > 字符"菜单命令，打开"字符"面板，此时面板中即显示所选文字图层中的文字的字体、大小、间距等参数，如右图所示。

7.2.2 添加"字符样式"

在 Photoshop CC 中，应用"字符样式"功能可以将设置后的字符属性存储为一个样式，应用到其他字符样式上，使之拥有相同的字体、大小、颜色等。字符样式的添加与设置主要在"字符样式"面板中完成，用户可以在面板中新建字符样式，也可以对字符样式进行更改。

1. 添加新字符样式

执行"窗口 > 字符样式"菜单命令，打开"字符样式"面板，❶在面板右上角单击扩展按钮，如下左图所示，❷在展开的菜单中执行"新建字符样式"命令，如下中图所示，❸即可在面板中新建字符样式，如下右图所示。

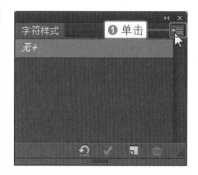

2. 设置字符样式选项

在新建的字符样式上双击，可打开"字符样式选项"对话框，如下左图所示，在对话框中可看到该字符样式的名称、字体、大小、大小写等文字属性信息，并且可更改这些选项，确认更改后，"字符样式"面板中的显示效果如下右图所示。

7.2.3 设置字体和大小

在创建文字之前可以通过文字工具选项栏或"字符"面板对字体和大小进行设置，对于图像中已经添加的文字，也可以利用"字符"面板中的选项重新调整字体和大小等。

1. 更改字符字体

打开素材图像，使用"横排文字工具"在需要更改字体的文字上单击并拖曳，将其选中，如下左图所示，打开"字符"面板，❶单击"搜索和选择字体"下拉按钮，❷在展开的列表中即可选择新的字体，如下中图所示，设置后得到如下右图所示的文字效果。

2. 更改字符大小

文字的大小显示效果可以通过"字符"面板中的"设置字体大小"选项来调整，用户可在下拉列表中选择预设的选项，也可以直接输入数值来调整文字的大小。❶单击"设置字体大小"下拉按钮，❷在展开的列表中选择要设置的文字大小，设置后即对文字应用新的大小，效果如右图所示。

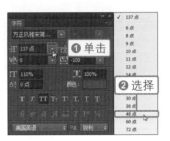

知识补充

除了可以在"字符"面板中设置文字的字体和大小外，在文字工具选项栏中也可以进行设置。输入文字后，先将文字选中，然后在字体选项下拉列表中选择需要的字体，即可更改文字的效果，字体下拉列表显示了电脑中安装的所有字体，打开的字体列表效果如右图所示。

7.2.4　更改文字颜色

输入文字时，默认情况下是以前景色作为文字颜色。若想更改文字颜色，可在输入文字前设置前景色颜色，以确定文字颜色，也可以在输入文字后，利用"字符"面板中的颜色选项，更改文字的颜色。

如下左图所示，❶单击"字符"面板中的颜色色块，打开"拾色器（文本颜色）"对话框，❷在对话框中输入颜色值，如下中图所示，单击"确定"按钮，可看到文字的颜色更改为刚设置的颜色，如下右图所示。

7.2.5　设置文字的排列方向

在创建文字后，可以利用"文本排列方向"选项重新调整文字的排列方向。若创建的文字为水平排列，执行"文字 > 文本排列方向 > 竖排"菜单命令，可将文字由横向排列更改为竖向排列；若创建的文字为垂直排列，则执行"文字 > 文本排列方向 > 横排"菜单命令，可将文字由竖向排列更改为横向排列。

在图像中输入文字，执行"文字 > 文本排列方向 > 竖排"菜单命令，即可看到更改排列方向后的文字效果，如右图所示。

 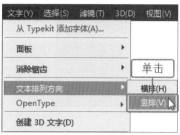 

知识补充

创建文字后，还可以利用选项栏中的选项按钮快速更改文字的排列方向，先选择文字图层，然后单击"切换文本取向"按钮，即可更改排列方向。

7.3 | 段落的调整

使用文字工具不仅可以创建单行、单列的文本，也可以创建多行的段落文本，并且可以利用"段落"面板对段落的对齐、首行缩进等样式进行调整。除此之外，还可以使用"段落样式"面板将调整后的段落效果保存为新的段落样式，便于在不同的段落中应用相同的样式效果。

7.3.1　创建段落文字

段落文本的创建可使用文字工具，在画面中单击并拖曳，绘制出一个段落文本框，在文本框内输入多行文字，排列出段落文本效果。文本框划定了文字的显示区域，创建段落文本后，使用文字工具拖曳文本框的边角点，可以调整文本框的大小，调整时文字会随着文本框大小的变化相应地调整排列方式。

选择"横排文字工具"，在打开的图像中单击并拖曳绘制出文本框，如下左图所示，在文本框内输入段落文本，效果如下右图所示。

7.3.2　应用"段落"面板

创建段落文字后，使用"段落"面板可以调整段落中的文字对齐方式、左右移动、首行缩进等样式。执行"窗口 > 段落"菜单命令，即可打开"段落"面板。

创建段落文本后，打开"段落"面板，设置对齐方式为"居中对齐"■，如下左图所示，单击后可看到段落文字变为居中对齐效果，如下右图所示。

7.3.3　新建段落样式

设置好段落文字后，可将该段落文字属性存储下来，便于应用于其他的段落文本。在 Photoshop CC 中，使用"段落样式"面板可以存储段落属性，执行"窗口 > 段落样式"菜单命令，在打开的"段落样式"面板中创建新的段落样式即可保存选择的段落的文字属性。

选择段落文字图层后，打开"段落样式"面板，❶单击面板右上角的扩展按钮■，如下左图所示，❷在打开的菜单中选择"新建段落样式"命令，如下中图所示，执行命令后即可新建段落样式，如下右图所示。

7.4 文字的变形

为了让文字显得更有新意，可以对文字进行特殊的变形设置，即利用文字的变形功能设置文字的变形样式、创建路径文本、将文字转换为形状图层等。

7.4.1　"文字变形"命令

利用"文字变形"命令可对文字设置多种预设的变形样式，以产生不同的变形效果。执行"文字 > 文字变形"菜单命令，在打开的"变形文字"对话框中有扇形、弧形、拱形、贝壳、花冠等12 种变形样式选项，还可以对变形的弯曲程度、扭曲方向进行精确的设置。

1. 设置变形文字

打开素材图像，在图像中输入文字，如下左图所示，执行"文字 > 文字变形"菜单命令，或单击文字工具选项栏中的"创建文字变形"按钮■，打开"变形文字"对话框，在对话框中设置变形样式及其他选项，如下中图所示，设置后文字即产生变形效果，如下右图所示。

2. 更改变形样式

当为文字添加变形效果后，还可以修改变形样式。执行"文字 > 文字变形"菜单命令，再次打开"变形文字"对话框，在对话框中单击"样式"下拉按钮，在展开的下拉列表中选择其他样式选项，如下左图所示，此时列表中将显示新选择的样式，如下中图所示，同时文档窗口中的文字也会随之发生变化，如下右图所示。

7.4.2 创建路径文字

使用文字工具可创建出水平或垂直方向排列的文字，如果要让文字的排列效果更加灵活，可以先利用"钢笔工具"绘制出曲线路径，然后在路径上输入文字，使文字沿路径排列，从而创建路径文字效果。创建路径文字后，可以使用路径编辑工具调整路径形态，路径上的文字排列也会根据路径形态的变化而变化。

使用"钢笔工具"在图像中单击并拖曳，绘制出一条弯曲的路径，使用"横排文字工具"在路径上单击，然后输入文字，文字即排列到路径上，产生路径文字，如右图所示。

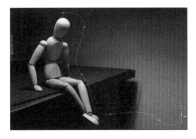 

📋 知识补充

在路径上输入文字后，可利用"路径选择工具"在路径文字上调整文字的起点位置、翻转文字后沿路径的方向排列。方法是选择路径文字后，再选择"路径选择工具"，将鼠标放置到路径的起点或终点，拖曳即可改变排列的起点或终点位置，将鼠标移动到路径的中间位置，拖曳即可翻转文字，如右图所示。

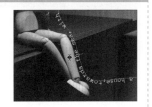

第7章

7.4.3 文字转换为形状

利用"文字"菜单中的"转换为形状"命令，可以将文字转换为形状图层，即把文字转换为带有矢量蒙版的路径效果，转换为形状后可以利用路径编辑工具对文字的路径锚点进行编辑，从而更改文字形态，实现更灵活的文字编辑。

在图像中输入文字，如下左图所示，执行"文字 > 转换为形状"菜单命令，如下中图所示，即可将文字转换为矢量路径，使用"直接选择工具"在文字路径上单击选择锚点，拖曳即可更改文字形态，如下右图所示。

7.4.4 栅格化文字图层

在图像中输入文字后，会在"图层"面板中自动创建相应的文字图层。文字图层是特殊的图层，能保留文字的基本属性信息，但文字图层在编辑时有一定的限制，例如不能填充渐变颜色、不能应用滤镜命令等，这时可将文字图层栅格化，转换为普通的像素图层，以便能对文字做更多的编辑和应用。

创建文字后，在"图层"面板中可看到文字图层，❶选择要栅格化的文字图层，如下左图所示，❷执行"文字 > 栅格化文字图层"菜单命令，如下中图所示，❸即可将文字图层转换为普通的像素图层，如下右图所示。

实例01　为图像添加错落文字

要想让一幅图像的表达效果更完整，可以在图像中添加文字。在 Photoshop CC 中，通过将文字工具和"字符"面板相结合的方式，可以在画面中的任意位置添加不同大小、颜色的文字。本实例即是使用该方法在画面中创建排列错落有致的文字效果，增强图像的表现力。

◎ 原始文件：随书资源 \ 素材 \07\01.jpg

◎ 最终文件：随书资源 \ 源文件 \07\ 为图像添加错落文字 .psd

01 打开原始文件，使用"矩形选框工具"在图像下方创建矩形选区，设置前景色为R0、G0、B52，新建"图层1"并为选区填充颜色，如下左图所示。

02 取消选区后，在"图层"面板中设置"图层1"的图层混合模式为"强光"，如下右图所示。

03 ❶在"图层"面板中新建"图层2"图层，如下左图所示，❷然后使用"矩形选框工具"在图像左侧绘制一个矩形选区，并为选区填充白色，如下右图所示。

04 创建"色阶1"调整图层，在打开的"属性"面板中使用鼠标拖曳各选项滑块依次到46、0.83、229位置，如下左图所

示，设置调整图层后，在画面中可看到增强画面对比度后的效果，如下右图所示。

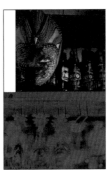

技巧提示 在"图层"面板中创建调整图层

在"图层"面板下方单击"创建新的填充或调整图层"按钮，在打开的菜单中可选择要创建的调整图层命令。

05 打开"字符"面板，设置字体、字体大小等选项，颜色为白色，如下左图所示，然后使用"横排文字工具"在图像中间位置单击，确定输入位置，输入白色字母，如下右图所示。

06 在"字符"面板中更改颜色，具体颜色值为R149、G149、B224，在图像中输入字母，然后选择"移动工具"，对输入的字母位置进行调整，如下图所示。

07 更改字符大小，然后输入不同大小的字母，并调整位置，如下左图所示。继续在"字符"面板中更改字符大小，颜色为白色，然后输入不同大小的字母，将字母排列得错落有致，效果如下右图所示。

11 在工具选项栏中更改字体、字体大小选项，并设置颜色为白色，然后在文本框内输入多行文字，如下图所示。

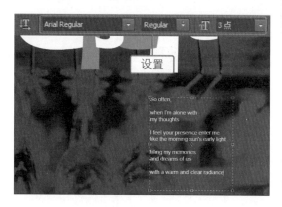

08 在"字符"面板中更改字体、字体大小等选项，如下左图所示，然后在图像中上方的位置单击，确定输入起点后输入一行白色文字，如下右图所示。

12 退出段落文本编辑操作，在"字符"面板中更改字体和字体大小选项，如下左图所示，然后在画面中输入一行较小的白色文字，并进行旋转变化，置于画面左上方黑色文字右侧，如下右图所示。

09 将上一步骤中的文字更改为黑色，按下快捷键Ctrl+T，使用变换编辑框对文字进行旋转变换，并移动到白色矩形内，然后按下Enter键确认变换，如下左图所示。

10 选择"横排文字工具"，在画面右下方的空白区域位置单击并拖曳，绘制一个文本框，如下右图所示。

> **技巧提示　为段落文本换行**
>
> 在输入段落文本时，文字可在文本框范围内自动换行，也可以按下 Enter 键，对文本进行换行。

实例02　添加漂亮的海报文字

在海报设计中，文字的效果需要有视觉冲击力，这样才能快速吸引观者眼球。在制作海报文字时，可以根据作品的风格选择相应字体，通过对文字进行特殊排列，并结合图层样式的应用，使文字产生自然的发光效果，将图像打造成一幅漂亮的海报。

◎ 原始文件：随书资源 \ 素材 \07\02.jpg

◎ 最终文件：随书资源 \ 源文件 \07\ 添加漂亮的海报文字 .psd

01 打开原始文件，打开"调整"面板，❶单击"色阶"按钮，新建"色阶1"调整图层，❷在打开的"属性"面板中对色阶选项进行设置，拖曳滑块到14、1.16、197位置，如下左图所示。设置后可看到增强了画面亮调后的效果，如下右图所示。

02 选择"横排文字工具"，打开"字符"面板，在面板中对字体、字号进行设置，然后在图像中单击，确定输入起点后，输入一行白色的文字，如下图所示。

03 选择"移动工具"后，按下快捷键Ctrl+T，使用变换编辑框对文字进行旋转变换，如下图所示，将文字倾斜，旋转文字后，按下Enter键确认变换。

04 在"图层"面板下方单击"添加图层样式"按钮，在打开的菜单中选择"描边"样式，在打开的对话框中对描边选项进行设置，如下图所示。

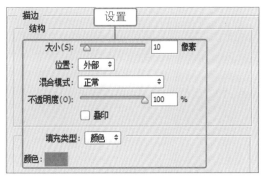

第7章

05 在"图层样式"对话框右侧选择"外发光"样式，添加图层样式，在右侧显示的外发光选项中，❶设置"不透明度"为100%、❷颜色为R255、G44、B133、❸"扩展"为20%、❹"大小"为55像素，如下左图所示。确认设置后在画面中可看到文字添加了描边和外发光效果，如下右图所示。

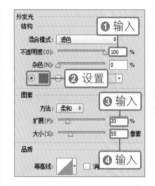

06 使用文字工具在画面中再输入一行白色文字，使用变换编辑框旋转到与发光文字相同的角度，如下左图所示。❶在"图层"面板中右击添加了图层样式的文字图层，❷在弹出的菜单中选择"拷贝图层样式"命令，如下右图所示。

07 ❶右击另一个文字图层，❷在弹出的菜单中选择"粘贴图层样式"命令，如下左图所示，即可为该文字图层应用复制的图层样式，在"图层"面板中可看到粘贴的图层样式。

08 为文字拷贝图层样式后，在图像中可看到为文字添加了描边和发光后的效果，由此完成了海报中的主体文字的表现效果，如下右图所示。

09 选择"画笔工具"，执行"窗口>画笔"菜单命令，打开"画笔"面板，❶在面板中选择第一个柔角画笔，❷在面板下方设置"间距"为150%，如下左图所示。

10 在"画笔"面板左侧单击"形状动态"选项，调整"大小抖动"为80%，其他选项为0%，如下右图所示。

11 继续在左侧选择"散布"选项，❶在显示的散布选项中设置"散布"为200%、❷"数量抖动"为27%，如下左图所示。

12 新建空白图层"图层1"，使用"画笔工具"在画面中绘制白色和红色的光点，给画面增添装饰元素，效果如下右图所示。

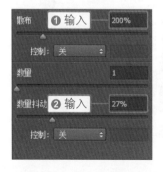

13 在"图层"面板中双击"图层1"，打开"图层样式"对话框，❶选择"外发光"样式，❷设置与文字相同的发光颜色，❸调整"不透明度"为100%、❹"大小"为20像素，如下图所示。

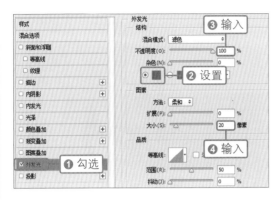

14 设置"外发光"样式后，在图像窗口中可看到添加了红色光晕的光点效果，效果如下左图所示。

15 新建图层，使用"画笔工具"在画面中再绘制一些装饰图案，并设置与"图层1"相同的"外发光"样式，如下右图所示。

16 选择"横排文字工具"，打开"字符"面板，设置字体、字体大小等选项，如下左图所示，然后在画面中输入一行白色的文字，并使用"移动工具"将其调整到适当位置，如下右图所示。

17 根据画面效果，在图像右下方的位置继续添加适当的文字，完善海报文字内容，丰富画面效果，如下左图所示。

18 在"图层"面板中创建"色相/饱和度1"调整图层，并更改"色相"为+5、"饱和度"为+25、"明度"为+5，如下右图所示，设置后可看到增强了色彩的画面效果。

实例03　为图像创建艺术文字

在图像中添加艺术化的文字可以增强图像的整体表现力。本实例使用"横排文字工具"输入文字，并将这些输入的文字转换为形状，再结合路径编辑工具对文字图形加以修改，创建出艺术化的字体效果。

◎ 原始文件：随书资源 \ 素材 \07\03.jpg

◎ 最终文件：随书资源 \ 源文件 \07\ 为图像创建艺术文字 .psd

01 打开原始文件，按下快捷键Ctrl+J，复制"背景"图层，得到"图层1"图层，如下左图所示。设置背景色为白色，选择"裁剪工具"，在图像中拖曳创建裁剪框，再调整裁剪框大小，如下右图所示，确认裁剪后，扩展画布，以白色填充扩展区域。

02 设置前景色为黄色（R249、G247、B208），选择"渐变工具"，❶在其选项栏中单击"径向渐变"按钮，❷然后单击渐变条右侧的下拉按钮，打开"渐变拾色器"面板，❸选择"前景色到背景色渐变"，在"背景"图层中单击并拖曳，填充渐变背景效果，如下图所示。

03 按住Ctrl键，单击"图层1"图层缩览图，载入选区，创建"色彩平衡1"调整图层，在打开的"属性"面板中拖曳滑块至参数依次为+47、0、-41，如下左图所示，设置后可看到选区内的人物图像被调整了色调，效果如下右图所示。

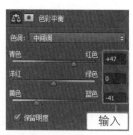

04 ❶在"图层"面板中新建"图层2"，并下移到"图层1"下方，然后选择"画笔工具"，在其选项栏中打开"画笔预设"选取器，❷选择叶子形状的画笔，设置前景色为橙色（R251、G203、B155），设置后使用"画笔工具"在图像边框区域单击，绘制散落的叶子图像，如下图所示。

05 选择"横排文字工具"，在其选项栏中设置字体、字体大小，并设置颜色为橙色（R241、G171、B103），在人物图像上方单击确定输入起点，然后输入橙色文字，如下图所示。

06 对文字图层执行"文字>转换为形状"菜单命令，如下左图所示，将文字转换为形状图层，然后选择"直接选择工具"，在文字上单击锚点并拖曳，如下右图所示，改变文字形态。

07 使用"添加锚点工具"在拖曳的路径
上添加锚点，然后利用"直接选择工
具"拖曳锚点位置，制作出弯曲变形的效果，
如下图所示。

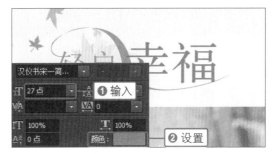

09 继续在"字符"面板中更改字体、字
体大小和颜色，并添加较小的文字，
排列到适当位置，完善主体文字效果，如下左
图所示。最后在画面右下角添加文字，如下右
图所示，展现出完整的艺术影像作品。

08 选择"横排文字工具"，打开"字符"
面板，❶将字体大小更改为27点，
❷设置颜色为深黄色（R182、G152、B52），
然后在编辑的变形文字后输入新的文字，如下
图所示。

实例04　杂志封面的设计

　　本实例以拍摄的人像照片为素材，制作出漂亮的杂志封面效果。首先运用调整图层对人像照片
的颜色加以调整，并添加各种装饰元素，丰富画面内容，再利用文字工具在画面中输入需要表达的
封面主题和内容文字，制作出更有吸引力的杂志封面。

◎ 原始文件：随书资源＼素材＼07\04.jpg

◎ 最终文件：随书资源＼源文件＼07\杂志封面的设计.psd

01 打开原始文件，为图像创建"色彩平
衡1"调整图层，依次将中间调选项
参数设置为+30、+35、-15，如下左图所示，
设置后可看到增强了暖色调的图像效果，如下
右图所示。

02 选择"椭圆选框工具"，❶在选项栏
中设置羽化值为100像素，再在人物图
像头部上绘制椭圆选区，如下左图所示。为选区
内图像创建"色阶1"调整图层，❷将滑块依次
拖曳到55、1.55、246位置，如下右图所示。

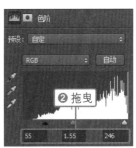

第7章

03 设置"色阶1"调整图层后，在选区内可看到增强图像亮度后的效果，如下左图所示，人像面部区域变得更加突出。

04 新建"图层1"图层，使用"矩形选框工具"在图像中创建矩形选区，并填充白色，然后继续创建相同高度的矩形选区，如下右图所示。

05 更改前景色为黄色（R255、G241、B2），并为选区填充前景色。继续使用"矩形选框工具"绘制矩形选区，并填充不同的颜色，如下图所示。

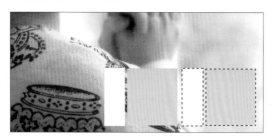

06 对矩形执行"编辑>变换>斜切"菜单命令，使用鼠标拖曳变换编辑框后，对矩形进行斜切变换，如下图所示，然后按下Enter键确认变换。

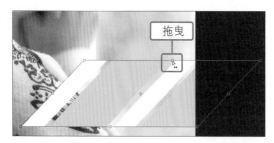

07 新建图层，使用"矩形选框工具"绘制矩形选区，然后填充不同的颜色，再对矩形进行斜切变换。复制变换后的矩形条，排列到画面中适当位置，并在边缘添加不同大小的矩形条，如下左图所示。

08 选择"横排文字工具"，在"字符"面板中设置字体、字体大小、颜色等选项（颜色设置为白色），然后在图像上方位置单击并输入一行白色文字，如下右图所示。

09 为文字图层添加"描边"图层样式，在打开的对话框中设置描边选项，调整颜色为绿色（R188、G233、B10），为文字添加绿色描边效果，如下图所示。

10 复制文字图层，得到拷贝图层，❶然后在效果下双击"描边"样式名称，如下左图所示。打开"图层样式"对话框，更改描边选项，❷将大小调整为8像素，❸颜色设置为黑色，如下右图所示。

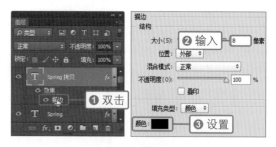

11 单击"确定"按钮后，在画面中可看到文字被添加了黑色边缘的效果，如下图所示。

12 在"字符"面板中更改字体、字体大小等选项，颜色设置为与文字描边相同的绿色，然后使用"横排文字工具"在画面中输入文字，如下图所示，并利用"移动工具"调整到适当位置。

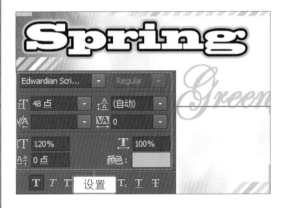

13 在"字符"面板中更改字体、字体大小等选项，如下左图所示，然后使用"横排文字工具"在画面中继续输入文字，并利用"移动工具"调整到适当位置，如下右图所示。

14 继续更改"字符"面板中的选项，如下左图所示，然后在画面中输入两行文字，并将对齐方式调整为右对齐，如下右图所示。

15 继续在"字符"面板中设置字体、字体大小和颜色选项，在图像右下方输入多行文字，并以右对齐方式排列，丰富文字内容，效果如下图所示。

16 根据设计需要，继续在画面中完善文字信息，完成封面设计，效果如右图所示。

实例05　制作发光特效文字效果

丰富的色彩和纹理可以使文字更具质感。本实例使用文字工具输入文字，然后对输入的文字添加图层样式，并为其叠加上绚丽的色彩，制作出发光特效的文字。

◎ 原始文件：随书资源 \ 素材 \07\05.jpg

◎ 最终文件：随书资源 \ 源文件 \07\ 制作发光特效文字效果 .psd

01 执行"文件>新建"菜单命令，在打开的对话框中指定新建文档的大小，单击"确定"按钮，新建文件，创建"图层1"图层，设置前景色为黑色，按下快捷键Alt+Delete，填充图层，如下图所示。

02 隐藏"图层1"图层，选择"横排文字工具"，打开"字符"面板，在面板中设置属性后输入文字，如下图所示。

03 按住Ctrl键不放，单击文字图层缩览图，载入选区，设置前景色为白色，新建"图层2"图层，按下快捷键Alt+Delete，将选区填充为白色，显示"图层1"图层，隐藏文字图层，查看填充颜色的文字效果，如下图所示。

04 按住Ctrl键不放，单击"图层2"图层缩览图，载入白色的文字选区，执行"选择>修改>边界"菜单命令，打开"边界"对话框，输入"宽度"为15像素，为选区添加边界效果，如下图所示。

05 ❶新建"图层3"图层，更改前景色为白色，按下快捷键Alt+Delete，填充选区，❷设置"图层3"图层的混合模式为"溶解"，如下图所示。

06 选择"图层2"和"图层3"图层，按下快捷键Ctrl+Alt+E，盖印选中图层，按下快捷键Ctrl+J，复制图层。选中"图层3（合并）"图层，如下左图所示，执行"滤镜>模糊>更多模糊>径向模糊"菜单命令，打开"径向模糊"对话框，设置参数，如下右图所示。

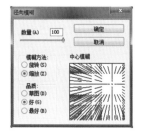

07 设置完成后单击"确定"按钮，应用设置的参数模糊图像，效果如下图所示。

08 按下快捷键Ctrl+T，打开变换编辑框，对模糊后的图像进行适当的变形，如下图所示。

09 双击文字图层，打开"图层样式"对话框，❶直接勾选"投影"和"外发光"复选框，如下左图所示，再勾选"内发光"复选框，❷设置内发光选项，如下右图所示。

10 在"图层样式"对话框中勾选"斜面和浮雕"复选框，然后在对话框右侧设置斜面和浮雕选项，如下左图所示。

11 在"图层样式"对话框中勾选"纹理"复选框，❶在对话框右侧单击"图案"下拉按钮，❷在打开的面板中单击选择图案纹理，如下右图所示。

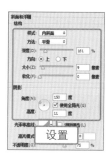 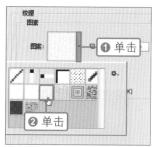

14 选择文字拷贝图层，设置图层"不透明度"为70%，单击"添加图层蒙版"按钮■，为该图层添加图层蒙版，选择"画笔工具"，设置前景色为黑色，在文字上方涂抹，如下图所示，制作投影效果。

技巧提示 **禁用/启用添加的图层样式**

添加图层样式后，在图层下方的"效果"列表可看到图层样式的名称，单击样式名称前的眼睛图标可禁用或启用样式。

12 设置完成后单击"确定"按钮，为文字添加上样式效果，如下图所示。

15 按下快捷键Ctrl+J，再次复制文本对象，然后按下快捷键Ctrl+T，打开变换编辑框，适当对文字进行变形，如下图所示。

13 复制文字图层，并将其栅格化处理，执行"编辑>变换>垂直翻转"菜单命令，翻转文字，使用"移动工具"把文字移至原文本下方，如下图所示。

16 新建"图层4"，选择"渐变工具"，❶单击选项栏中的"点按可编辑渐变"下拉按钮，❷在打开的面板中单击"前景色到背景色渐变"，❸再单击选项栏中的"径向渐变"按钮■，从图像右侧拖曳鼠标，填充渐变效果，如下图所示。

17 ❶设置前景色为R5、G53、B102。❷新建"图层5"图层，❸设置混合模式为"颜色"，用"画笔工具"在文字上方涂抹，叠加颜色，如下图所示。

18 选择"渐变工具"，单击选项栏中的渐变条，打开"渐变编辑器"对话框，将对话框内的渐变色依次设置为R224、G33、B48，R0、G55、B254，R252、G67、B255，如下图所示。

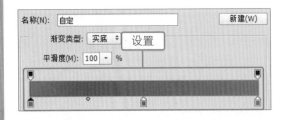

19 新建"图层6"图层，设置图层混合模式为"颜色"，使用"渐变工具"从左向右拖曳鼠标，填充渐变效果，如下图所示。

20 新建"图层7"图层并将该图层填充为黑色，执行"滤镜>像素化>铜版雕刻"菜单命令，❶在打开的对话框中选择"中等点"，单击"确定"按钮，❷设置混合模式为"颜色减淡"，❸添加图层蒙版，通过编辑蒙版将一部分杂点隐藏，如下图所示。

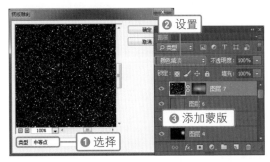

21 返回图像编辑窗口，查看处理后的图像效果，如下图所示。

22 打开原始文件"05.jpg"，将该素材图像拖曳至"图层1"上方，添加图层蒙版，使用"画笔工具"在图像边缘涂抹，隐藏图像，使画面呈现暗角效果，如下图所示。

第8章 图层功能全解析

图层是处理图像信息的平台，对图像的任何处理操作都需在图层中完成。图层就像是堆叠在一起的透明纸，供用户在上面进行不同的操作，图层内容都可在"图层"面板中查看，并可以在面板中更改图层的混合模式或为图层添加图层样式等，从而使图像产生特殊的效果。

8.1 认识图层

"图层"是构成图像的重要组成单位，它就如同堆叠在一起的透明纸，供用户在上面进行操作，通过图层间的相互叠放组成一幅图像。当在其中某个图层上操作时，不会影响其他的图层。本节将详细介绍图层的相关知识。

8.1.1 了解"图层"面板

组成图像的图层都会显示在"图层"面板中，几乎所有对图层的操作都可以通过"图层"面板来完成。一个典型的"图层"面板如下图所示，下面简单介绍面板主要组成部分的功能。

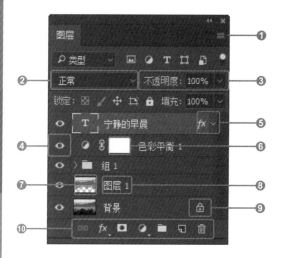

❶扩展按钮：单击此按钮将打开扩展菜单，在其中可以执行新建图层、复制图层等图层相关命令。

❷图层混合模式：用于设置图层的混合模式，详见 8.3.1 小节。

❸不透明度：用于设置图层的不透明度，详见 8.3.2 小节。

❹"指示图层可见性"图标：表示图层的显示或隐藏状态，单击此图标可切换图层的显示／隐藏状态。

❺图层样式标志：表示对该图层添加了图层样式，单击下三角按钮可展开样式列表，详见 8.2 节。

❻图层蒙版缩览图：用于概略查看图层蒙版的效果，蒙版的应用详见第 9 章。

❼图层缩览图：用于概略查看图层上的像素效果。

❽图层名称：用于标示不同的图层，双击文字可修改名称。

❾锁定标志：表示该图层处于锁定状态，不能在该图层上应用大部分工具和菜单命令。单击此标志可解除锁定。

❿图层快捷操作按钮：用于快速完成图层的常用操作，包括链接图层、添加图层样式、添加图层蒙版、创建填充或调整图层、新建图层组、新建图层、删除图层。

> **知识补充**
>
> 打开一幅未编辑的图像文件，"图层"面板中的"背景"图层默认为锁定状态，因此通常需要复制"背景"图层或将"背景"图层解锁、转化为普通图层，才能进行更多的编辑操作。

8.1.2 图层的类型

在"图层"面板中出现的图层，根据其功能和作用，可以划分为多种不同的类型，通常划分为像素图层、调整图层和文字图层。通过将这些不同类型的图层相互堆叠组合，构成了图像的整体视觉效果。

1. 像素图层

像素图层是最普通和常用的图层，在"图层"面板中复制或新建的图层，都属于像素图层，如下左图所示。用户可直接对像素图层中的图像进行绘制、变换和应用滤镜命令等编辑操作。对像素图层进行放大或缩小会影响图像的像素。

2. 调整图层

调整图层是在图像处理过程中常用的一种特殊图层，单击"调整"面板中的按钮后，在"图层"面板中即会出现一个带有图层蒙版的调整图层，如下中图所示。调整图层中的操作命令作用于其下的图层上，但又不会破坏下方图层中的原始像素。

3. 文字图层

使用"横排文字工具"和"直排文字工具"创建文字内容后，"图层"面板中会自动创建一个文字图层，如下右图所示。文字图层记载了该图层中的文字的所有属性信息，便于查看和修改。双击文字图层缩览图，还可以全选该图层中的文字内容。

8.1.3 按类型选择图层

利用 Photoshop CC 新增的类型选项可对图层进行分类选择。当图像中包含有较多图层时，使用此功能能够帮助用户快速选择和显示某一种类型的图层。

在"图层"面板中单击"类型"选项下拉按钮，在打开的下拉菜单中可根据需求选择相应选项，如下左图所示，在"类型"选项后提供的按钮栏中单击"文字"按钮，即可只显示文字图层，单击"调整图层"按钮，则只显示调整图层，如下中图和下右图所示。

8.1.4 新建图层

新建图层是编辑图像时最基础的操作。Photoshop CC 中新建图层的方法有很多，用户既可以单击"图层"面板中的"创建新图层"按钮新建图层，也可以利用"图层"面板菜单中的"新建图层"菜单命令进行创建。

1. 通过按钮新建

❶在"图层"面板下方单击"创建新图层"按钮 🔳，即可根据当前的图层个数，❷新建一个"图层 1"图层，如右图所示。

2. 通过菜单命令新建

❶单击"图层"面板右上角的扩展按钮 📖，❷在打开的扩展菜单中执行"新建图层"命令，如下左图所示，将打开"新建图层"对话框，❸可以在该对话框中设置新建图层的名称、颜色、混合模式和不透明度等，设置完成后，❹单击对话框中的"确定"按钮，如下中图所示，将在"图层"面板中看到新建的图层，如下右图所示。

📋 **知识补充**

在"图层"面板中创建的新图层通常默认为透明图层，该图层上没有任何内容，如需为该图层填充内容，可执行"编辑 > 填充"菜单命令，通过设置"填充"面板中的选项为图层填充颜色、图案等内容。

8.1.5 复制与删除图层

在编辑图像时，常常会需要复制图层或删除无用的图层。图层的复制与删除操作都可以通过"图层"面板来完成。

1. 拖曳图层进行复制

❶在"图层"面板中单击选中"背景"图层，❷将此图层拖曳到"创建新图层"按钮 🔳 上，❸释放鼠标即可复制该图层，得到"背景 拷贝"图层，如右图所示。

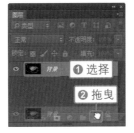 

2. 利用面板菜单复制

选中需要复制的图层，❶单击"图层"面板右上角的扩展按钮■，打开"图层"面板菜单，❷选择"复制图层"命令，如下左图所示，将打开"复制图层"对话框，如下中图所示，用户可以根据需求在对话框中更改复制的图层的名称，设置后单击"确定"按钮，此时在"图层"面板中可看到复制的图层，如下右图所示。

3. 删除图层

在"图层"面板中单击选中要删除的图层，❶单击下方的"删除图层"按钮■，如下左图所示，将打开一个提示对话框来询问是否删除图层，❷单击"是"按钮，如下中图所示，则将删除该图层，如下右图所示。若将图层拖曳至"删除图层"按钮上，将会直接删除图层，不会弹出提示对话框。

8.2 图层样式

在对图像进行编辑的过程中，可以为图层添加各种不同的图层样式。Photoshop CC 提供了多种图层样式，包括投影、内阴影、外发光、内发光、斜面和浮雕、光泽、颜色叠加、渐变叠加等。通过应用不同的图层样式能够产生丰富多彩的样式效果。

8.2.1 添加图层样式

在"图层"面板中单击"添加图层样式"按钮 fx，即可打开相应的图层样式菜单，选择需要的样式命令，即可添加该图层样式。也可以通过执行"图层 > 图层样式"菜单命令，在打开的子菜单中选择需要添加的图层样式。

1. 添加图层样式

执行"图层 > 图层样式 > 外发光"菜单命令，如下左图所示，即可为图层添加外发光图层样式效果，此时在打开的"图层样式"对话框的右侧可以设置外发光图层样式的详细选项，如下中图所示。

2. 查看添加的图层样式

完成"图层样式"对话框中的设置后，单击"确定"按钮，返回图像窗口，在"图层"面板中可看到图层缩览图下方显示的样式名称，且在图像窗口中可查看到添加的外发光样式效果，如下右图所示。

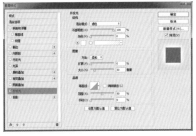

8.2.2　认识"图层样式"对话框

为图层添加图层样式时，都会使用到"图层样式"对话框，既可利用该对话框中的各选项对图层样式进行设置，也可以利用该对话框选择需要添加的一种或多种图层样式。

除了执行菜单命令，还可以双击"图层"面板中需要添加图层样式的图层名称右侧的空白处，如下左图所示，即可打开"图层样式"对话框，用于设置图层样式，如下右图所示。

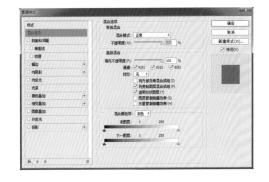

所有的图层样式名称均罗列在"图层样式"对话框左侧的样式栏中，在需要的样式名称上单击，让其前方的复选框处于勾选状态，即可添加该样式到图层上，与此同时在对话框的右侧会显示该样式的设置选项，用于调整样式的具体效果，如右图所示。

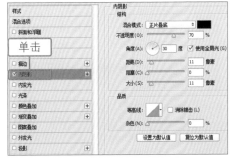

📖 **知识补充**

为图层添加了某一图层样式后，双击该图层名称右侧的空白处，可在打开的"图层样式"对话框中修改该样式的设置。若要继续为该图层添加其他样式，可单击对话框左侧样式栏中的样式名称，然后在右侧设置该样式的各项参数。添加的所有图层样式都可以在"图层"面板中进行查看。

8.3 图层混合模式和不透明度

利用"图层"面板中的图层混合模式，可混合不同图层中的图像内容，制作出各种特殊的效果。通过设置不透明度选项可以调节不同图层内容显示时的透明度，表现出特殊的图像合成效果。

8.3.1 图层混合模式

图层混合模式可以去除图层中的暗像素或抑制图层中的亮像素，显示出特殊的图层混合效果。选中"图层"面板中的某一图层后，单击图层混合模式选项右侧的下拉按钮，在打开的下拉列表中可看到系统提供的多种混合模式，如变暗、变亮、滤色、叠加、柔光等，选择后即可应用该混合模式来混合图像。

1. 设置混合模式合成新效果

打开两幅图像，将它们复制到同一文件中，设置其图层混合模式，即可混合图像，由此产生漂亮的混合效果，如右图所示。

2. 更改混合模式选项

在更改图层混合模式时，❶单击"混合模式"右侧的下拉按钮，❷在打开的下拉列表中单击需要使用的图层混合模式。如果单击选择"线性减淡（添加）"混合模式，混合后的图像效果如右图所示。

8.3.2 图层不透明度

图层不透明度用于设置图层的显现程度，当降低不透明度时，图层中的图像变成半透明效果，显示出下方图层的内容。设置图层的不透明度时，在"不透明度"选项后的文本框内输入 0 ～ 100 之间的数值，设置的值越小，该图层中图像的透明度越高。

打开素材图像，如下左图所示，❶在"图层"面板中选择"图层 2"图层，❷单击"不透明度"选项右侧的倒三角形按钮，弹出调整滑块，❸拖曳滑块降低参数值，如下中图所示，降低图像不透明度，效果如下右图所示。

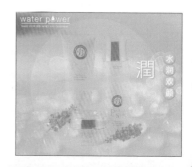

　　填充图层和调整图层是两种比较特殊的图层，它们可以创造出新的画面效果，同时不破坏原有图层中的像素。在处理图像时，不但能对调整图层或填充图层反复进行修改，还可以利用自带的图层蒙版控制效果的应用范围。

8.4.1 创建填充图层

　　Photoshop CC 提供了纯色、渐变和图案三种填充图层。用户可以先单击"图层"面板中的"创建新的填充或调整图层"按钮，然后在弹出的菜单中选择 "纯色""渐变"或"图案"等填充效果，也可以执行"图层 > 新建填充图层"菜单命令，在弹出的级联菜单中选择要创建的填充图层命令，创建填充图层。

　　❶在"图层"面板中单击"创建新的填充或调整图层"按钮，如下左图所示，❷执行"图案"命令，创建"图案填充"调整图层，此时在"图层"面板中会生成图案填充图层，打开"图案填充"对话框，❸在"图案"选取器中选择各种预设的漂亮图案，如下中图所示，选择图案后，图像窗口中会显示填充的图案效果，如下右图所示。

 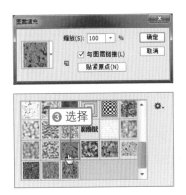 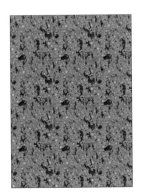

8.4.2 创建调整图层

　　"调整"面板主要用于创建调整图层。执行"窗口 > 调整"菜单命令，即可打开"调整"面板。单击"调整"面板中的不同按钮，会创建不同功能的调整图层。例如，单击"色阶"按钮，在"图层"面板中可创建"色阶1"调整图层，单击"通道混合器"按钮，在"图层"面板中即可看到创建的"通道混合器1"调整图层，如下图所示。

8.4.3 编辑调整图层

　　如果要对调整图层选项进行设置，需要使用"属性"面板。创建调整图层后，系统会自动打开"属性"面板，其中有调整图层的设置选项，通过对选项进行编辑，可以给画面的色彩和影调带来变化，让图像产生各种靓丽的效果。在"图层"面板中双击调整图层的缩览图，也可以打开该调整图层的"属性"面板，进行选项的修改。

❶在"调整"面板中单击"色彩平衡"按钮，如下左图所示，创建"色彩平衡1"调整图层，并打开"属性"面板，❷在面板中设置"色彩平衡"选项，如下中图所示，设置后在图像窗口中即可查看到调整后的图像效果，如下右图所示。

实例01　制作漂亮的灯光效果

若想要在图像中表现出灯光效果，可以通过添加发光的图层样式来实现。本实例先将画面中需要添加发光样式的图像区域选取出来，然后设置内发光和外发光图层样式，使其表现出自然的灯光光晕效果，再添加上发光的文字和光点来修饰画面，使画面效果更加和谐。

◎ 原始文件：随书资源 \ 素材 \08\01.jpg

◎ 最终文件：随书资源 \ 源文件 \08\ 制作漂亮的灯光效果 .psd

01 打开原始文件，选择"快速选择工具"，在图像中的卡通灯具图像上单击，将其添加到选区内，然后按下快捷键Ctrl+J，复制选区内图像，得到"图层1"图层，如下图所示。

02 在"图层"面板下方单击"添加图层样式"按钮，❶在弹出的菜单中选

择"外发光"命令，如下左图所示，❷在打开的"图层样式"对话框中对显示的外发光选项进行设置，如下右图所示。

 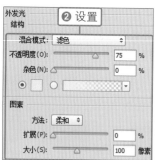

03 在"图层样式"对话框左侧的样式栏中单击选择"内发光"样式，在右侧显示的内发光选项中进行设置，如下左图所示，完成后单击"确定"按钮，可看到画面中的卡通灯具图像展现出发光效果，如下右图所示。

❸并将描边颜色更改为R198、G252、B37，如下右图所示，设置完成后单击"确定"按钮。

04 创建"色阶1"调整图层，❶在打开的"属性"面板中将滑块依次拖曳到数值为120、0.75、229的位置，❷设置后将"色阶1"图层下移到"图层1"下方，此时可看到背景区域图像增强了暗调效果，如下图所示。

07 为文字设置好图层样式后，在画面中可看到添加了发光效果后的文字，然后在右侧的卡通灯具图像上方添加一行文字，并设置成与上一步骤相同的图层样式，效果如下图所示。

05 选择"横排文字工具"，在其选项栏中设置字体和字体大小选项，并将颜色设置为白色，然后在卡通灯具图像下方输入一行白色的文字，如下图所示。

08 按住Ctrl键的同时单击"图层"面板中的"图层1"缩览图，将该图层载入选区，如下图所示。

06 双击文字图层，打开"图层样式"对话框，❶在对话框中对外发光选项进行设置，如下左图所示，然后勾选"描边"样式，❷在打开的描边选项中设置各选项参数，

09 为选区内的图像创建"亮度/对比度1"调整图层，❶在打开的"属性"面板中设置"亮度"为-30、❷"对比度"为100，如下左图所示，设置后可在"图层"面板中看

到添加的调整图层，如下右图所示。

面中添加一些小的光点元素，丰富画面，打造出更加漂亮的灯光效果，如下图所示。

10 设置调整图层后，可看到图像的发光区域增强了对比度。在"图层"面板中新建"图层2"，然后使用"画笔工具"在画

 实例02　混合图层增强画面亮度

当需要表现更加明亮、清晰的图像效果时，可以通过设置图层混合模式来快速提亮画面。本实例即应用了图层混合模式来对图像加以调整，使灰暗的图像变得明亮起来，同时结合应用图层蒙版，合成亮丽的背景效果。

◎ 原始文件：随书资源 \ 素材 \08\02.jpg、03.jpg

◎ 最终文件：随书资源 \ 源文件 \08\ 混合图层增强画面亮度 .psd

01 打开原始文件"02.jpg"，在"图层"面板中复制"背景"图层，得到"背景 拷贝"图层，设置图层混合模式为"滤色"、"不透明度"为50%，如下左图所示，在图像窗口中可看到提高了亮度的图像效果，如下右图所示。

02 对"背景 拷贝"图层执行"滤镜>模糊>高斯模糊"菜单命令，❶在打开的"高斯模糊"对话框中设置半径为5像素，

❷单击"确定"按钮模糊图像，如下左图所示，效果如下右图所示。

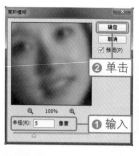

03 创建"色相/饱和度1"调整图层，在打开的"属性"面板中设置选项，如下左图所示。

04 设置"色相/饱和度1"调整图层后，在画面中可看到增强色彩饱和度后，颜色变得更加鲜艳的图像效果，如下右图所示。

05 新建"色阶1"调整图层，使用鼠标拖曳"属性"面板中的色阶选项各滑块依次到21、1.25、241位置，如下左图所示，设置后可看到画面亮调被增强，效果如下右图所示。

06 执行"文件>打开"菜单命令，打开原始文件"03.jpg"，如下左图所示，将打开的图像复制到人物图像中，得到"图层1"图层，设置图层混合模式为"点光"，如下右图所示。

07 混合图层后，可看到图像产生的光影效果，如下左图所示，在"图层"面板下方单击"添加图层蒙版"按钮，为"图层1"添加图层蒙版，如下右图所示。

08 设置前景色为黑色，然后选择"画笔工具"并对图像中的人物进行涂抹，如下左图所示，涂抹后的蒙版效果如下右图所示。

09 按下快捷键Ctrl+J，复制"图层1"，得到"图层1拷贝"图层，然后按下快捷键Ctrl+T，使用变换编辑框对复制图像进行垂直翻转。使用"画笔工具"编辑"图层1拷贝"图层蒙版，如下左图所示，保留右下角的光点效果，然后再次按下快捷键Ctrl+J，复制图层，得到"图层1拷贝2"图层，如下右图所示。

10 将复制图像移动到适当位置，并编辑
蒙版，在图像下方添加上光点效果，
然后使用文字工具在图像中输入文字，并绘制
星光来装饰文字，让画面效果更完整，效果如
右图所示。

技巧
提示 **移动图层**

选择"移动工具"后，可用鼠标直接移
动图层上的图像，也可按下键盘上的↑、↓、
←、→方向键对图像进行微移。

 实例03　为画面填充艺术渐变色

不同的色彩能够带给人不同的视觉感受。为了让图像的色彩更加漂亮，在处理图像的时候，可
以利用渐变填充图层为图像填充渐变的颜色效果，然后通过更改图层混合模式使填充颜色与背景图
像相融合，制作出更加柔美的画面。

◎ 原始文件: 随书资源 \ 素材 \08\04.jpg

◎ 最终文件: 随书资源 \ 源文件 \08\ 为画面填充艺术渐变色 .psd

01 打开原始文件，如下左图所示，❶单
击"图层"面板中的"创建新的填
充或调整图层"按钮，❷在弹出的菜单中执行
"渐变"命令，如下右图所示。

 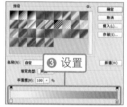

03 设置完渐变颜色后，返回"渐变填
充"对话框，❶设置"样式"为径
向、❷"缩放"为150%，如下左图所示。完
成设置后在"图层"面板中可看到新建的"渐
变填充1"图层，❸设置其图层混合模式为"叠
加"，如下右图所示，混合图层后在画面中可
看到渐变的颜色效果。

02 打开"渐变填充"对话框，❶单击渐
变条，如下左图所示，即可打开"渐
变编辑器"对话框，❷在对话框中设置黄色
（R255、G255、B134）到橙色（R255、
G109、B0）的渐变色，如下右图所示。

04 选择"画笔工具"，❶在选项栏中设置画笔大小，降低"不透明度"至50%，设置前景色为黑色，❷在人物图像上涂抹，如下图所示，利用填充图层的蒙版，遮盖人物上的渐变颜色。

05 创建"色阶1"调整图层，在"属性"面板中对色阶选项进行设置，将黑色滑块向右拖曳到数值为45的位置、灰色滑块拖曳到数值为0.47的位置，如下左图所示。

06 设置完"色阶1"调整图层后，画面的暗调效果被增强，然后选择"画笔工具"，在人物图像上涂抹，利用调整图层的蒙版，遮盖人物上的色阶效果，如下右图所示。

07 ❶按下快捷键Shift+Ctrl+Alt+E，盖印可见图层，得到"图层1"图层，如下左图所示，执行"滤镜>模糊>径向模糊"菜单命令，❷在打开的对话框中设置选项，如下右图所示，单击"确定"按钮模糊图像。

08 设置完模糊滤镜效果后，❶在"图层"面板中设置"图层1"的图层混合模式为"滤色"、❷"不透明度"为70%，如下左图所示，图层混合后，在画面中可看到柔和发散的光线效果，如下右图所示。

09 在"图层"面板下方单击"添加图层蒙版"按钮，为"图层1"添加图层蒙版，如下左图所示。

10 选择"画笔工具"，在人物图像上涂抹，利用图层蒙版遮盖被涂抹区域的模糊图像效果，并清晰地显示出下方图层中的人物图像，如下右图所示。

11 根据画面效果，在图像下方添加适当的文字来表达画面主题，如下左图所示。最后添加上一些心形的小元素，装饰画面，展现出漂亮的图像效果，如下右图所示。

实例04　用调整图层修饰色调

在 Photoshop CC 中编辑图像颜色时，可通过调整图层来更改画面色调，调出需要的色彩效果。本实例通过在"调整"面板中创建"色彩平衡"调整图层来更改图像暗调、中间调和阴影调部分的色彩，从而平衡图像颜色。再结合"可选颜色""色阶""亮度/对比度"等调整图层及其他工具对细节加以修饰，创建更出色的画面。

◎ 原始文件：随书资源 \ 素材 \08\05.jpg

◎ 最终文件：随书资源 \ 源文件 \08\ 用调整图层修饰色调 .psd

01 执行"文件>打开"菜单命令，打开原始文件，如下左图所示。

02 在"调整"面板中单击"色彩平衡"按钮，如下右图所示，新建"色彩平衡1"调整图层。

03 ❶在打开的"属性"面板中将"中间调"色调参数依次设置为+43、+24、+41，如下左图所示。❷选择色调为"阴影"，❸将下方选项参数调整为+66、0、-35，如下右图所示。

 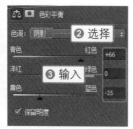

04 继续设置"色彩平衡"选项，❶选择色调为"高光"，❷将选项依次设置为-24、0、-24，如下左图所示，设置"色彩平衡"调整图层后，在图像窗口中可看到更改了画面色调后的效果，如下右图所示。

05 ❶单击"调整"面板中的"可选颜色"按钮，如下左图所示，新建"选取颜色1"调整图层，❷在"属性"面板中设置可选颜色选项，将"红色"下方的选项参数调整为-42、+28、+49、+33，如下右图所示。

06 单击"颜色"选项的下拉按钮，❶在下拉列表中选择"黄色"选项，如下左图所示，❷将参数依次设置为-25、+36、+100、+47，如下右图所示。

07 ①选择颜色为"青色"，②将下方选项参数依次调整为+80、+36、+20、0，如下左图所示。③选择颜色为"中性色"，④将下方选项参数依次调整为+36、+30、+80、-34，如下右图所示。

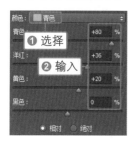

08 创建"色阶1"调整图层，在"属性"面板中使用鼠标拖曳的方式将下方各滑块依次调整到30、1、213的数值位置，如下左图所示，增强明暗对比效果。

09 选择"渐变工具"，在选项栏中选择"黑，白渐变"，勾选"反向"复选框，使用该工具在图像上拖曳，如下右图所示，为"色阶1"图层蒙版填充渐变色，遮盖图像下方的色阶效果。

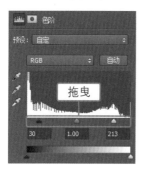

10 按住Ctrl键的同时用鼠标在"通道"面板中单击RGB通道缩览图，如下左图所示，载入通道为选区，在画面中可看到将高光调区域创建为选区的效果，如下右图所示。

11 创建"亮度/对比度1"调整图层，在打开的"属性"面板中设置"亮度"为-20、"对比度"为70，如下左图所示。设置后提高了选区内图像的对比度，如下右图所示。

12 盖印可见图层得到"图层1"，如下左图所示。设置背景色为白色。选择"裁剪工具"，从裁剪框边缘开始向外拖曳，如下右图所示，扩展画布，扩展区域以背景色填充，编辑完裁剪框后按下Enter键确认裁剪。

13 双击"图层1"图层缩览图，打开"图层样式"对话框，在对话框中设置"投影"选项，如下图所示，单击"确定"按钮。

14 返回图像窗口，即可看到为图像添加的投影效果。选择"直排文字工具"在图像右下角输入文字，并添加适当的投影，最终效果如右图所示。

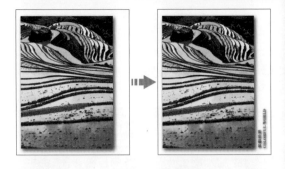

![实例05 制作彩色浮雕效果]

 实例05　制作彩色浮雕效果

当需要制作具有立体感的画面效果时，可利用图层样式中的"斜面和浮雕"样式，将画面转换为富有立体感的彩色浮雕效果，其操作方法是先将图像定义为图案，然后利用样式将图案应用到原图像中。

◎ 原始文件：随书资源 \ 素材 \08\06.jpg

◎ 最终文件：随书资源 \ 源文件 \08\ 制作彩色浮雕效果 .psd

01 打开原始文件，在"图层"面板中复制"背景"图层，得到"背景 拷贝"图层，如下图所示。

02 执行"编辑>定义图案"菜单命令，❶在打开的"图案名称"对话框中设置名称选项，如下图所示，❷然后单击"确定"按钮，定义图案。

03 ❶在"图层"面板下方单击"添加图层样式"按钮，如下左图所示，❷在

打开的菜单中选择"斜面和浮雕"样式，如下右图所示。

04 ❶在打开的"图层样式"对话框中单击"斜面和浮雕"选项下方的"纹理"选项，如下左图所示，❷然后单击"图案"后的下拉按钮，❸在打开的"图案预设"拾色器的最下方选择自定义的图案，如下右图所示。

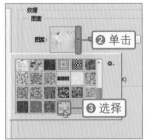

05 单击"斜面和浮雕"样式名称，在右侧显示的"斜面和浮雕"选项中，❶更改"深度"为250、❷"大小"为5，如下图所示，完成设置后单击"确定"按钮。

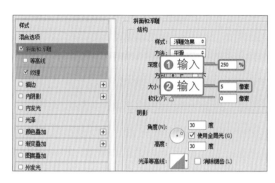

06 此时在图像窗口中可查看到应用图层样式后出现的浮雕效果，图像的画面质感被增强，如下图所示。

07 创建"色阶1"调整图层，在"属性"面板中输入各滑块数值为62、0.69、255，如右图所示，设置调整图层后，画面暗调效果被增强，浮雕色彩变得更浓郁。

学习笔记

第9章　蒙版和通道的应用

蒙版和通道作为 Photoshop CC 重要的高级功能，常应用于对象选取、图像特效制作等操作。本章将详细介绍蒙版和通道的相关知识，包括蒙版的类型、蒙版的编辑以及通道的认识和应用等，让读者全面认识并掌握蒙版和通道的相关知识与实际应用。

9.1 | 蒙版的类型

蒙版通过将不同的灰度值转化为不同的透明度，然后作用于它所在的图层，从而使图层内容的透明度产生相应的变化，将图层内容进行遮盖或获取选区。为了满足不同的创作需求，Photoshop CC 提供了多种类型的蒙版，包括图层蒙版、矢量蒙版、剪贴蒙版和快速蒙版。掌握不同类型蒙版的特点，会让蒙版使用起来更加得心应手。

9.1.1　图层蒙版

图层蒙版也称为像素蒙版，是最常用的蒙版类型，主要作用是控制图像的显示与隐藏。利用图像编辑工具在蒙版中进行编辑，编辑后蒙版中的黑色区域为完全隐藏部分、白色区域为完全显示部分、灰色区域为半透明显示部分。可以使用"图层"面板或"调整"面板添加图层蒙版。

1. 应用图层蒙版合成图像

将两幅图像复制到一个文件中，在"图层"面板下方单击"添加图层蒙版"按钮，即可新建图层蒙版，如下左图所示，利用绘图工具在蒙版中把需要隐藏的部分涂抹为黑色，如下中图所示，得到如下右图所示的图像效果。

2. 调整/填充图层蒙版

创建调整图层和填充图层后，在"图层"面板中会自动创建一个图层蒙版，便于用户编辑应用调整 / 填充效果的区域。创建调整图层或填充图层后，根据图层蒙版功能，填充蒙版颜色，控制显示或隐藏区域。单击"调整"面板中的"色阶"按钮，如下左图所示，创建"色阶 1"调整图层，然后编辑调整图层蒙版，如下中图所示，调整图像颜色后的效果如下右图所示。

9.1.2　矢量蒙版

矢量蒙版是利用矢量图形来显示与隐藏图像的，在编辑过程中可不受像素的影响，进行任意缩放也不会更改图像的清晰度。用户可以先在"图层"面板中添加矢量蒙版，再利用钢笔工具或形状工具编辑矢量蒙版。

若想要创建矢量蒙版，可按住 Ctrl 键不放，单击"图层"面板下方的"添加矢量蒙版"按钮，如下左图所示，即可为当前图层添加矢量蒙版。为添加了矢量蒙版的图层填充颜色，然后使用形状工具在矢量蒙版中绘制矢量图形，如下中图所示，即可将图形以外的图层内容隐藏，只显示图形以内的区域，如下右图所示。

9.1.3　剪贴蒙版

剪贴蒙版可以用下方图层的形状来限制上方图层的显示状态，因此，在创建剪贴蒙版时至少需要两个图层。位于最下面的图层叫做基底层，基底层的内容决定了蒙版的显示形态，位于基底层上方的图层称为剪贴层，可同时创建多个剪贴层。选择需要创建剪贴蒙版的图层后，执行"图层 > 创建剪贴蒙版"菜单命令，或者按住 Alt 键的同时在两个图层中间单击，都可以快速创建剪贴蒙版。

打开一幅图像作为基底层，如下左图所示，添加图层后，将鼠标移至"图层"面板上，按住 Alt 键的同时在两个图层的中间位置单击，即可创建出剪贴蒙版，如下中图所示，可看到以基底层形态显示的图像效果，如下右图所示。

9.1.4　快速蒙版

快速蒙版主要用于在画面中快速选取需要的图像区域，以创建选区。在工具箱下方单击"以快速蒙版模式编辑"按钮，即可进入快速蒙版中，使用"画笔工具"在蒙版中绘制，默认情况下以半透明的红色显示蒙版区域，退出蒙版编辑状态后，即可将蒙版以外的区域创建为选区。

1. 以快速蒙版模式编辑

单击"以快速蒙版模式编辑"按钮，进入快速蒙版后，使用"画笔工具"在快速蒙版中编辑，被编辑的区域将会显示为半透明蒙版状态，再单击"以标准模式编辑"按钮，退出快速蒙版，创建选区，效果如右图所示。

2. 更改快速蒙版选项

双击"以快速蒙版模式编辑"按钮，打开"快速蒙版选项"对话框，在对话框中可以指定"色彩指示"选项。若将色彩指示选择为"所选区域"，就会将绘制的蒙版区域创建为选区，如右图所示。

知识补充

默认情况下快速蒙版以红色显示。若想要更改蒙版颜色，可以在"快速蒙版选项"对话框中单击颜色色块，打开"拾色器（快速蒙版颜色）"对话框，更改颜色，设置后，在图像中编辑快速蒙版时，即可看到蒙版颜色被更改，如右图所示。

9.2 蒙版的编辑

创建完图层蒙版和矢量蒙版后，还可以利用"属性"面板中的蒙版选项，对蒙版进行进一步的编辑，例如设置蒙版的浓度、羽化值等选项，或是调整蒙版边缘、利用色彩范围编辑蒙版、反相蒙版等，通过设置这些选项，编辑蒙版变得更方便、精确。

9.2.1 "属性"面板中的蒙版选项

创建图层蒙版或矢量蒙版后，在"属性"面板中即可显示该蒙版的设置选项，在"图层"面板中选中需要编辑的蒙版后，执行"窗口 > 属性"菜单命令，打开"属性"面板，可看到该蒙版的缩览图效果，"属性"面板还提供了"浓度""羽化""调整"等选项，可对蒙版做进一步编辑。

打开需要创建图层蒙版的图像，❶在"图层"面板中选中该蒙版缩览图，❷在"属性"面板中可对蒙版的羽化值进行设置，设置后蒙版的边缘会显得更为柔和，如右图所示。

9.2.2 编辑蒙版边缘

为了让图层蒙版边缘的视觉效果更自然，可通过"属性"面板中的"蒙版边缘"功能打开"调整蒙版"对话框，进一步调整蒙版边缘的视觉效果。

在"图层"面板中选择蒙版后，❶在"属性"面板下方单击"蒙版边缘"按钮，如下左图所示，打开"调整蒙版"对话框，❷并对蒙版边缘进行设置，如下中图所示，❸同时可以利用"视图"模式下拉列表选择不同的视图显示方式，以查看蒙版效果，如下右图所示。

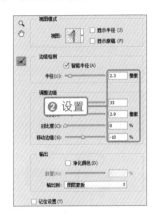

从 Photoshop CC 2015.5 开始，"蒙版边缘"按钮升级为"选择并遮住"按钮，单击该按钮将进入"选择并遮住"工作区，同样可以对蒙版进行更精细的调整，实现更精确的抠图效果。

9.2.3 用颜色范围设置蒙版

利用"颜色范围"选项可根据图像的色彩范围控制蒙版遮盖和显示的区域范围。在"属性"面板中单击"颜色范围"选项，在打开的"颜色范围"对话框中利用吸管工具取样颜色，被选取的色彩区域在对话框缩览图中以黑色显示，即为蒙版遮盖区域。

1. 编辑颜色范围

打开已添加了图层蒙版的素材图像，❶在"属性"面板中单击"颜色范围"按钮，弹出"色彩范围"对话框，❷此时用吸管工具在图像的中间位置单击，取样颜色，可以确定颜色范围，如右图所示。

2. 查看蒙版效果

选取颜色范围后，在"图层"面板中可看到编辑后的蒙版效果，黑色为遮盖区域，在图像窗口中可看到遮盖的部分显示出"背景"图层中的图像内容，最终合成效果如右图所示。

　　使用 Photoshop CC 时还可以利用选区确定蒙版遮盖区域，在图像中用选区创建工具将需要显示的图像区域创建为选区，然后在"图层"面板中单击"添加图层蒙版"按钮，即可将选区以外的区域以黑色填充为蒙版，如右图所示。

9.2.4　反相蒙版

　　利用反相蒙版功能可以将蒙版效果反相，即将遮盖和显示的区域互换。选择蒙版后，单击"属性"面板下方的"反相"按钮，如下左图所示，即可将蒙版效果反相。蒙版原遮盖效果与反相后的效果如下中图和下右图所示。

9.3　认识并应用通道

　　通道主要用于存储图像颜色信息和选择范围，图像的通道信息可通过"通道"面板进行查看，还可利用"通道"面板查看通道类型、复制通道或将通道转换为选区等。利用"图像"菜单中的命令对通道进行高级计算，可以更改图像色彩效果或合成特殊画面。

9.3.1　"通道"面板

　　打开任意一幅图像后，就可在"通道"面板中查看到图像的通道信息，执行"窗口 > 通道"菜单命令就可打开"通道"面板，面板中会按照图像的颜色模式显示通道的数量和名称。

　　打开一幅 RGB 颜色模式的图像，在"通道"面板中看到组成该图像的 RGB 通道信息，如下左图所示。单击"红"通道，可隐藏其他颜色通道，如下中图所示，在图像窗口中以灰度效果显示通道图像，如下右图所示。

9.3.2 通道的类型

　　根据通道的用途可将其分为复合通道、颜色通道、Alpha 通道、临时通道和专色通道，接下来会对各种类型的通道做进一步介绍。

1. 复合通道和颜色通道

　　复合通道只是同时预览并编辑所有颜色通道的一个快捷方式，图像颜色模式决定了复合通道和颜色通道的名称。如下左图所示为打开的 RGB 颜色模式的图像，在"通道"面板中可看到 RGB 为复合通道，红、绿、蓝为颜色通道，如下右图所示。

2. Alpha通道

　　Alpha 通道用于保存选区范围，同时不会影响图像的显示和印刷效果。在"通道"面板中单击"创建新通道"按钮 ，可新建一个 Alpha 通道。若在创建完选区后单击"将选区创建为通道"按钮 ，即可新建 Alpha 通道存储选区，右图即为创建 Alpha1 通道后的效果。

3. 临时通道

　　临时通道是临时存在的通道，用于暂时保存选区信息，在创建了图层蒙版、调整图层后或进入快速蒙版模式编辑状态下都会产生一个临时通道。在"图层"面板中选中创建的调整图层，这时在"通道"面板中可看到出现的临时通道。❶在"图层"面板中单击"色阶 1"调整图层，如下左图所示，❷此时可以看到"通道"面板中的"色阶 1 蒙版"临时通道，如下右图所示。

4. 专色通道

　　专色通道是可以保存专色信息的通道，可作为一个专色版应用到图像和印刷中。在"通道"面板中单击右上角的扩展按钮 ，在打开的菜单中选择"新建专色通道"命令，可打开"新建专色通道"对话框。❶在对话框中设置通道名称和油墨颜色，如下左图所示，❷单击"确定"按钮，在"通道"面板中创建专色通道，如下右图所示。

9.3.3 复制通道

　　在"通道"面板中直接编辑颜色通道，会改变图像的色彩效果，所以当需要利用颜色通道创建选区时，要先复制颜色通道进行编辑。要复制通道，可通过面板菜单中的"复制通道"命令来完成。

　　选择颜色通道后，单击"通道"面板右上角的扩展按钮 ，❶在打开的面板菜单中选择"复制通道"命令，如下左图所示，打开"复制通道"对话框，❷在对话框中设置通道名称，如下中图所示，单击"确定"按钮后即可复制选择的颜色通道，如下右图所示。

9.3.4 通道与选区的转换

在"通道"面板中单击某个存储着图像的颜色通道，若要将通道转换为选区，方法是单击"通道"面板下方的"将通道作为选区载入"按钮 ▦，即可根据选中颜色通道的灰度值创建选区，通道中的白色为选择区域、灰色为半透明区域、黑色为未选择区域。

❶在"通道"面板中选中一个颜色通道，如下左图所示，❷单击面板下方的"将通道作为选区载入"按钮 ▦，如下中图所示，将通道转换为选区，如下右图所示；也可以按住 **Ctrl** 键，单击"通道"面板中的颜色通道缩览图。

9.3.5 应用图像

利用"应用图像"命令可将图像的图层和通道"源"与现用图像的"目标"图层和通道相互混合，起到更改图像色调的作用。执行"图像 > 应用图像"菜单命令，在打开的"应用图像"对话框中可设置混合的图层和通道信息。

打开素材图像，执行"图像 > 应用图像"菜单命令，❶在打开的"应用图像"对话框中设置应用图像的源、图层及混合模式，❷设置完成后单击"确定"按钮，图像将转换为黑白效果，如右图所示。

9.3.6 计算通道

"计算"命令可将一个或两个图像中的不同通道进行混合，计算后可得到一个新通道、文档或选区。执行"图像 > 计算"菜单命令，在打开的"计算"对话框中对选项进行设置，即可混合得到黑、白、灰显示的效果，并选择计算结果。

打开两幅图像后，执行"图像 > 计算"菜单命令，在打开的"计算"对话框中设置用于计算的通道以及通道计算结果的存储方式等选项，如下左图所示。单击"确定"按钮进行计算后可看到混合图像后产生的黑白图像效果，计算图像前后的对比效果如下中图和下右图所示。

实例01 利用蒙版合成图像

需要替换人物图像背景时，可通过图层蒙版快速完成。本实例将两个图像复制到同一文档中，添加图层蒙版后利用蒙版的遮盖功能来遮盖人物图像的原背景区域，再替换背景合成新的画面效果，并利用各种调整命令使画面中的色调和明暗对比度相统一，增强画面意境，让合成效果更自然。

◎ 原始文件：随书资源 \ 素材 \09\01.jpg、02. jpg

◎ 最终文件：随书资源 \ 源文件 \09\ 利用蒙版合成图像 .psd

01 打开原始文件"01.jpg"，如下左图所示，按下快捷键Ctrl+A、Ctrl+C，全选并复制图像，再打开原始文件"02.jpg"，按下快捷键Ctrl+V，粘贴复制的人物图像，得到"图层1"图层，如下右图所示。

02 ❶在"图层"面板下方单击"添加图层蒙版"按钮 ，为"图层1"添加图层蒙版，如下左图所示。❷选择"画笔工具"，在其选项栏中选择画笔类型并设置大小，更改前景色为黑色，再在人物图像背景区域进行涂抹，利用蒙版遮盖涂抹区域的图像，如下右图所示。

03 按下[键快速缩小画笔，然后按下快捷键Ctrl++放大图像，使用画笔在人物边缘进行细致的涂抹，只保留人物图像，如下左图所示。

04 编辑图层蒙版后，按住Ctrl键的同时单击蒙版缩览图，载入蒙版为选区，在图像窗口中可看到人物图像已被添加到选区内，如下右图所示。

05 创建"色彩平衡1"调整图层，❶在打开的"属性"面板中选择色调为"中间调"，❷设置参数依次为+14、0、-22，如下左图所示，❸再选择色调为"高光"，❹调整下方选项参数依次为+15、0、-10，如下右图所示。

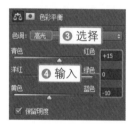

06 设置"色彩平衡1"调整图层后，可看到更改了选区内人物图像的颜色，人物与背景区域的色调得到统一，如下左图所示。

07 按住Ctrl键的同时单击"色彩平衡1"蒙版缩览图，载入"色彩平衡1"蒙版为选区，如下右图所示。

08 创建"色阶1"调整图层，在打开的"属性"面板中对色阶选项进行设置，拖曳各滑块依次到18、1.27、255位置，如下左图所示，设置后可看到人物图像的亮度被提高，效果如下右图所示。

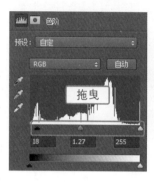

09 再次载入图层蒙版为选区，创建"选取颜色1"调整图层，❶在"属性"面板中将颜色选择为"白色"，❷调整下方选项参数，如下左图所示，设置后增强画面中的白色效果，如下右图所示。

10 创建"亮度/对比度1"调整图层，在"属性"面板中设置"亮度"为-5、"对比度"为60，如下左图所示，设置后提高画面对比度效果，如下右图所示。

11 选择"画笔工具"在图像中的人物皮肤区域进行涂抹，如下左图所示，利用调整图层中的蒙版遮盖被涂抹区域中显现的亮度效果与对比效果，使皮肤恢复正常颜色，如下右图所示。

13 创建"色阶2"调整图层，依次拖曳滑块至19、1.28、229位置，如下左图所示，提亮选区内人物皮肤，最后添加文字和图案修饰画面，如下右图所示。

12 按住Ctrl键不放，单击"亮度/对比度1"蒙版缩览图，载入选区，如下左图所示，执行"选择>反向"菜单命令，反选选区，如下右图所示。

实例02　利用通道精确抠图

在合成图像时，为了更准确地抠取到需要的图像，可利用通道抠图法选取图像并合成新的画面效果。本实例在"通道"面板中复制颜色通道，对通道中的黑白图像进行编辑，以黑、白两色区分通道图像，然后将通道载入为选区，即可抠取图像，并为其替换漂亮的背景。

◎ 原始文件：随书资源 \ 素材 \09\03.jpg、04.jpg

◎ 最终文件：随书资源 \ 源文件 \09\ 利用通道精确抠图 .psd

01 打开原始文件"03.jpg"，执行"窗口>通道"菜单命令，在打开的"通道"面板中单击"蓝"通道并向下拖曳到"创建新通道"按钮上，复制通道得到通道拷贝，在图像窗口中可看到复制通道的灰度图像效果，如右图所示。

02 执行"图像>调整>色阶"菜单命令或按快捷键Ctrl+L，打开"色阶"对话框，将黑色滑块向右拖曳到67、白色滑块向左拖曳到174，如下左图所示，确认设置后，可看到增强了对比度的画面效果，如下右图所示。

06 按下快捷键Ctrl+J，复制选区内图像，得到"图层1"图层，如下左图所示。打开原始文件"04.jpg"，将打开的背景素材图像复制到人物图像中，得到"图层2"图层，如下右图所示。

03 设置前景色为白色，使用"画笔工具"在图像中人物背景区域上的黑色杂点区域进行涂抹，将背景区域绘制为白色，如下左图所示。

04 设置前景色为黑色，使用"画笔工具"在人物图像上进行涂抹，将人物区域绘制为黑色，如下右图所示。

07 按下快捷键Ctrl+[，将"图层2"图层向下移动到"图层1"图层下方，在图像窗口中可看到为人物替换了背景图像后的效果，如下左图所示。

08 选中"图层1"图层后，载入人物图像区域为选区，打开"调整"面板，单击"可选颜色"按钮，如下右图所示，创建"选取颜色1"调整图层。

05 在"通道"面板中单击"将通道作为选区载入"按钮，将图像中的白色区域创建为选区，如下左图所示，然后单击RGB通道，返回原图像中，按下快捷键Shift+Ctrl+I，反选选区，将人物创建为选区，如下右图所示。

09 设置"属性"面板中显示的"可选颜色"选项，❶选择"红色"选项，❷将参数依次设置为-31、+15、+18、-37，如下左图所示，单击"颜色"下拉按钮，❸选择颜色为"中性色"，如下右图所示。

11 再次载入人物图像为选区，为选区创建"色阶1"调整图层，❶在打开的"属性"面板中拖曳滑块到33、1.46、255，如下左图所示。❷选择通道为"红"，❸拖曳滑块到23、1.09、246，如下右图所示。

10 确保"中性色"为选中状态，调整下方选项参数依次为-21、-7、-9、-1，如下左图所示，设置后人物图像颜色被调整，如下右图所示。

12 ❶选择通道为"蓝"，❷拖曳滑块依次到21、1.06、234，如下左图所示，设置后在图像窗口中可看到增强了人像明暗对比度和色调后的效果，如下右图所示。

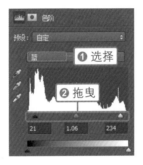 

实例03 编辑颜色通道更改色调

通道存储了图像的所有颜色信息，在调整图像时，可通过编辑颜色通道改变图像色调。本实例对不同颜色通道进行复制和粘贴，快速改变画面色调，再填充柔和的白色晕影效果，制作出具有清新感的画面效果。

◎ 原始文件：随书资源 \ 素材 \09\05.jpg

◎ 最终文件：随书资源 \ 源文件 \09\ 编辑颜色通道更改色调 .psd

01 打开原始文件，在"图层"面板中单击"背景"图层并向下拖曳到"创建新图层"按钮■上，复制图层，得到"背景 拷贝"图层，如右图所示。

02 打开"通道"面板，单击选中"绿"通道，然后按下快捷键Ctrl+A，全选图像，再按下快捷键Ctrl+C，复制图像，如下图所示。

第9章

03 ❶在"通道"面板中单击选中"蓝"通道，如下左图所示，按下快捷键Ctrl+V，粘贴上一步中复制的"绿"通道，❷然后单击RGB通道，如下右图所示，显示所有通道。

04 编辑通道后，在图像窗口中可看到更改了色调的效果，如下图所示。

05 选中"椭圆选框工具"，在工具选项栏中设置"羽化"值为100像素，然后使用"椭圆选框工具"在图像的中间位置单击并拖曳，绘制一个椭圆选区，如下图所示。

06 执行"选择>反向"菜单命令，反选选区，在"图层"面板中新建图层，并为选区填充白色，如下图所示，制作出白色晕影效果，然后按下快捷键Ctrl+D，取消选区。

07 创建"自然饱和度1"调整图层，在"属性"面板中设置"自然饱和度"为+100、"饱和度"为+25，如下图所示，增强画面色彩的艳丽度。

08 在"图层"面板中创建"色阶1"调整图层，在"属性"面板中设置色阶选项，拖曳下方滑块依次到60、1.81、255位置，如下图所示，设置后画面明暗对比效果被增强。

09 选择"横排文字工具"，在"字符"面板中设置字体、字体大小等选项参数，颜色设置为蓝色（R3、G167、B167），设置后在画面中输入一行文字，并利用"移动工具"移动文字到适当位置，如下图所示。

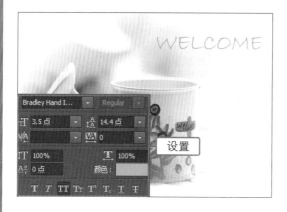

11 最后在画面中添加上一些装饰性小元素，丰富画面效果，一幅色调清新的艺术图像便制作完成了，如下图所示。

10 使用"横排文字工具"在图像中继续输入两行文字，选择"移动工具"后，按下快捷键Ctrl+T，使用变换编辑框对文字大小等选项进行设置，效果如下图所示。

实例04 合成梦幻的电影人物海报

　　想要让图像展现出梦幻的合成效果，可利用通道的计算功能，将两个图像的颜色通道进行混合，得出新的通道效果。本实例在人物画面中复制混合的通道图像，得到梦幻般的人物影像，再对画面颜色和明暗度进行调整，调出神秘的暗蓝色，展现出梦幻般的电影人物海报效果。

◎ 原始文件：随书资源 \ 素材 \09\06.jpg、07.jpg

◎ 最终文件：随书资源 \ 源文件 \09\ 合成梦幻的电影人物海报 .psd

01 执行"文件>打开"菜单命令，同时打开原始文件"06.jpg"和"07.jpg"，如下左图和下右图所示，在人物文件中执行"图像>计算"菜单命令，打开"计算"对话框。

02 在"计算"对话框中设置"源1"为06.jpg、"源2"为07.jpg、"通道"为"蓝"、"混合"为"滤色"，如下图所示。

03 确认设置后计算结果将显示在"通道"面板中，可查看到通过计算得到的Alpha1通道，如下左图所示，在图像窗口中可看到通过计算得到的特殊的画面效果，如下右图所示。

04 按下快捷键Ctrl+A、Ctrl+C，全选并复制通道图像，❶在"通道"面板中单击RGB通道，如下左图所示，显示原图像通道，❷并按下快捷键Ctrl+V，粘贴复制的图像，得到"图层1"图层，如下右图所示。

05 ❶复制"背景"图层，得到"背景 拷贝"图层，向上移动到"图层1"上方，❷设置其图层混合模式为"颜色"，如下左图所示，混合图层后可看到为人物混合出的色彩效果，如下右图所示。

06 ❶在"调整"面板中单击"色彩平衡"按钮，如下左图所示，创建"色彩平衡1"调整图层，❷在"属性"面板中选择色调为"阴影"，❸在下方调整各选项参数依次为-35、0、+43，如下右图所示。

07 ❶选择色调为"高光"，❷调整下方选项参数依次为-2、0、+25，如下左图所示，调出蓝色调画面，效果如下右图所示。

08 创建"选取颜色1"调整图层，在"属性"面板中对"可选颜色"选项进行设置，❶选择颜色为"洋红"，❷设置下方选项参数值依次为-100、+100、0、0，如下左图所示。

09 此时在图像窗口中可查看到增强了洋红色调后的画面效果，如下右图所示。

10 创建"色相/饱和度1"调整图层，❶在"属性"面板中设置颜色为"红色"、❷"饱和度"为-100，如下左图所示。❸设置颜色为"洋红"、❹"饱和度"为-42，如下右图所示。

11 设置后降低了画面人物皮肤的色彩饱和度，然后使用黑色的"画笔工具"在人物嘴唇区域进行涂抹，显示出红润的嘴唇效果，如下左图和下右图所示。

12 选择"椭圆选框工具"，在其选项栏中设置羽化值为100像素，设置后使用该工具在图像中的人物头部区域绘制一个椭圆选区，如下左图所示。

13 为选区内图像创建"色阶1"调整图层，在"属性"面板中使用鼠标依次拖曳各滑块至26、1.37、225位置，如下右图所示。

14 设置"色阶1"调整图层后，看到选区外的部分作为蒙版被黑色填充，在窗口中看到选区内图像增强了亮度，如下左图所示。

15 ❶在"调整"面板中单击"亮度/对比度"按钮，新建"亮度/对比度1"调整图层，❷在"属性"面板中设置"亮度"为-10、"对比度"为30，如下右图所示。

16 设置"亮度/对比度1"调整图层后，在画面中可查看到增强了图像整体的对比强度，如下左图所示。用文字工具在图像左下方输入大小不一的白色文字，组合到一起，再将文字栅格化并合并到一个图层中，如下右图所示。

17 为合并后的文字图层添加"外发光"图层样式，❶设置"不透明度"为100%、❷"大小"为20像素、❸颜色为R6、G77、B239，如下左图所示，设置后看到添加了"外发光"样式的文字效果，如下右图所示。

第10章 滤镜的特殊效果

Photoshop CC 的滤镜功能可为图像添加各种特殊的艺术化效果，这些滤镜命令都位于"滤镜"菜单中且分类有序存放，包括了多种独立滤镜和滤镜组中的各式滤镜命令，每种滤镜都可单独应用到图像中，也可以将各种滤镜结合使用，制作出别具一格的画面效果。

10.1 独立滤镜的运用

"滤镜"菜单中的滤镜分为独立滤镜和分类滤镜的滤镜命令组，独立滤镜是具有独特功能的滤镜，包括镜头校正、液化、消失点和自适应广角等，选择独立滤镜命令后，在打开的相应对话框中进行设置，即可处理出需要的效果。

10.1.1 镜头校正

"镜头校正"滤镜可以校正图像的拍摄角度、几何扭曲形态、透视效果、边缘色差，以及对晕影进行添加和消除。对图像执行"滤镜 > 镜头校正"菜单命令，即可打开"镜头校正"对话框，在对话框中可选择"自动校正"和"自定"两种方式来进行设置。

1. 镜头校正自定选项

打开一幅图像，执行"滤镜 > 镜头校正"菜单命令后，在其对话框中单击"自定"标签，在显示的自定选项中进行设置。若想移除画面的扭曲效果，具体设置如右图所示。

2. 设置晕影

在"自定"标签下利用"晕影"选项可为画面设置白色或黑色的晕影效果，利用"数量"和"中点"控制晕影范围，设置后的画面晕影效果如右图所示。

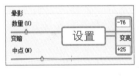

10.1.2 "液化"滤镜

"液化"滤镜主要用于对像素进行扭曲变形以得到需要的扭曲变形效果，执行"滤镜 > 液化"菜单命令后，可利用"液化"对话框左侧工具栏中的各种工具在图像预览框中对图像进行向前变形、重建、褶皱、膨胀、左推、缩放等操作。

打开一幅需要进行液化变形的图像，在"液化"对话框中，使用变形工具对人物眼睛进行液化变形调整，让双眼变成相同大小，如右图所示。

10.1.3 "消失点"滤镜

"消失点"滤镜用于改变图像的平面角度和校正透视角度等。执行"滤镜 > 消失点"菜单命令，在打开的"消失点"对话框中创建一个平面区域，图像将以创建的平面角度自动调整透视角度，与此同时还可在平面中进行仿制、复制、粘贴及变换等编辑操作。

打开一幅图像，如下左图所示，复制"背景"图层，执行"滤镜 > 消失点"菜单命令，在"消失点"对话框中创建一个平面区域，并将图像粘贴到平面内，然后调整粘贴到平面中的图像的大小和位置，可以看到图像自动调整了透视角度以适应平面区域，如下右图所示。

10.1.4 自适应广角

"自适应广角"滤镜主要用于校正所拍摄照片的广角效果，使用该命令前，需要启用"使用图形处理器"功能，再对图像执行"滤镜 > 自适应广角"菜单命令，才能打开"自适应广角"对话框，在对话框中可选择校正的方式为鱼眼、透视或自动模式，并可利用左侧工具栏中的工具绘制校正的透视角度、区域等，以调整画面广角效果。

打开一幅图像，如下左图所示，执行"滤镜 > 自适应广角"菜单命令后，在"自适应广角"对话框中可看到图像自动调整了广角效果。也可以在右侧对各选项进行调整，更改画面为鱼眼效果，如下右图所示。

> 📋 **知识补充**
>
> 启用图形处理器功能需执行"编辑 > 首选项 > 性能"菜单命令，打开"首选项"对话框，在右侧"图形处理器设置"选项组中勾选"使用图形处理器"复选框。

10.2 | 认识其他滤镜组

在"滤镜"菜单中罗列了很多分类滤镜组，按其功能划分为风格化、画笔描边、模糊、扭曲、锐化、视频、素描、纹理、像素化、渲染、艺术效果、杂色和其他共 13 个滤镜组，这些滤镜组可为图像设置扭曲变形效果、艺术绘画效果或是添加特殊纹理等等，创建出更漂亮的艺术图像。

10.2.1 "风格化"滤镜组

"风格化"类滤镜在图像上的应用效果体现为质感或亮度，使图像在样式上产生变化，并能模拟出风吹的效果。"风格化"滤镜子菜单中包括"查找边缘""等高线""风""浮雕效果"等滤镜。选择滤镜命令后会自动创建滤镜效果，或打开相应的对话框手动设置滤镜效果。

打开一幅图像，为其应用"风格化"滤镜命令，可为图像设置出风吹效果，原图像和设置风格化后的图像对比效果如下左图和下中图所示。应用"查找边缘"滤镜，可根据画面亮度显示出清晰的边缘线条，效果如下右图所示。

10.2.2 "画笔描边"滤镜组

利用"画笔描边"滤镜组中的各个滤镜命令，可模拟不同画笔或笔刷勾勒出的图像效果。"画笔描边"滤镜组中包括了"成角的线条""墨水轮廓""喷溅""喷色描边""强化的边缘"等8 种命令，选择命令后将会打开"滤镜库"对话框，对该组滤镜进行设置。

1. 在滤镜库中设置选项

打开一幅图像，执行"滤镜 > 滤镜库"命令，即可打开"滤镜库"对话框，在对话框中展开"画笔描边"滤镜组并单击"半调图案"滤镜，此时对话框右侧会显示出对应的滤镜选项，左侧的预览框则会显示应用滤镜后的效果，如下图所示。

2. 切换滤镜

"画笔描边"滤镜组中的滤镜命令都可在"滤镜库"对话框中进行设置和选择，当需要其他滤镜效果时，单击滤镜名称，即可在右侧预览框中重新设置滤镜选项，切换滤镜后的图像效果如下图所示。

 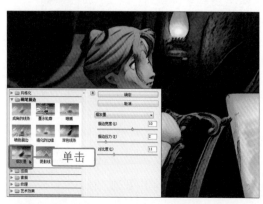

10.2.3　"扭曲"滤镜组

"扭曲"滤镜组中的滤镜命令可移动、扩展或缩小构成图像的像素，将原图像变为玻璃、水纹、球面化等形态。"扭曲"滤镜组中共有"波浪""海洋波纹""极坐标""切变""旋转扭曲"等12 种不同的扭曲滤镜命令。

打开一幅图像，如下左图所示，设置"海洋波纹"滤镜，可产生逼真的波纹效果，如下中图所示；设置"波浪"滤镜，可模拟逼真的波浪效果，如下右图所示。

10.2.4　"素描"滤镜组

"素描"滤镜组可以表现用钢笔或木炭绘制出的草图效果，该滤镜组中的滤镜是用前景色代表暗部，背景色代表亮部，并且在设置滤镜前需在工具箱中先设置颜色，以确定画面中的颜色效果。"素描"滤镜组中包括"半调图案""便条纸""炭笔"等14 个滤镜命令。

打开一幅素材图像，效果如下左图所示，为其应用"素描"滤镜组中的"半调图案"和"炭笔"滤镜，可将画面转换为素描绘画效果，如下中图和下右图所示。

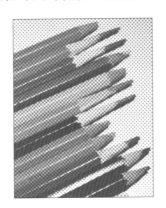

第10章

10.2.5 "纹理"滤镜组

"纹理"滤镜组用于在图像上添加特殊的纹理效果，让画面显得更有质感。该滤镜组中包含"龟裂纹""马赛克拼贴""颗粒"等6种滤镜命令，可为图像添加不同质感的纹理效果。

打开一幅图像，如下左图所示，对其应用"纹理"滤镜，可在画面中展现出砖形的墙面纹理效果，如下中图所示；对图像应用"龟裂纹"命令，画面会展现出龟裂般的纹理效果，如下右图所示。

10.2.6 "艺术效果"滤镜组

"艺术效果"滤镜组中包含了各种绘画风格和绘画手法的滤镜，应用这些滤镜可以使一幅普通的图像展现出具有艺术风格的绘画效果，如油画、水彩画、铅笔画、粉笔画等。"艺术效果"滤镜组中提供了"壁画""彩色铅笔""底纹效果""海绵"等16种艺术效果滤镜。

打开一幅图像，如下左图所示，对其应用"干画笔"滤镜命令，可模拟出干画笔绘图效果，如下中图所示；对其应用"绘画涂抹"滤镜命令，可为图像设置出清晰的绘画涂抹纹理，如下右图所示。

10.2.7 "模糊"滤镜组

"模糊"滤镜组中的各种滤镜命令可将图像像素的边线设置为模糊状态，使画面表现出速度感或晃动感，也可以用于将部分图像模糊以突出显示主体对象。该滤镜组中提供了"表面模糊""高斯模糊""动感模糊""径向模糊"等11个模糊滤镜。

打开一幅图像，使用选区工具选择出要进行模糊处理的图像范围，如下左图所示，对其应用"高斯模糊"滤镜，模糊选区内的图像，如下中图所示；应用"径向模糊"滤镜，可产生缩放模糊效果，如下右图所示。

10.2.8 "模糊画廊"滤镜组

　　Photoshop CC 添加了全新的"模糊画廊"滤镜组，用于模拟不同场景、光圈条件下拍摄产生的自然模糊效果。"模糊画廊"滤镜组中包括了"场景模糊""光圈模糊""移轴模糊""路径模糊""旋转模糊"5 个滤镜。执行其中一个滤镜命令后，可打开"模糊画廊"，在右侧的选项栏中可选择模糊类型并调整模糊选项，控制图像的模糊效果。

　　打开一幅图像，如下左图所示，执行"滤镜 > 模糊画廊 > 光圈模糊"菜单命令，在打开的"模糊画廊"中调整模糊的焦点位置，模糊焦点外的图像，如下中图所示。若应用"路径模糊"功能，则会根据绘制的路径模糊图像，如下右图所示。

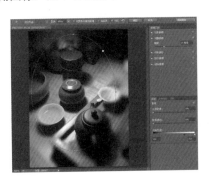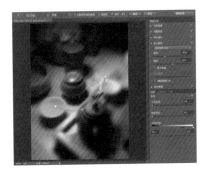

10.2.9 "锐化"滤镜组

　　"锐化"滤镜组中的滤镜可通过增加相邻像素的对比度，使模糊的图像具有更加明显的轮廓，从而起到锐化图像的作用，使模糊的图像变得清晰起来。"锐化"滤镜组中包括"USM 锐化""防抖""进一步锐化""锐化""智能锐化""锐化边缘"6 种锐化滤镜。

　　打开一幅模糊的图像，效果如下左图所示，对其应用"USM 锐化"滤镜，就能将原本模糊的图像变得清晰，锐化图像后的效果如下右图所示。

第10章

10.2.10 "像素化"滤镜组

"像素化"滤镜组中的滤镜可让图像的像素效果发生明显变化，通过将颜色值相近的像素结块来制作晶格状、点状和马赛克状等特殊效果。"像素化"滤镜组中包含"彩块化""彩色半调""点状化""晶格化""马赛克""碎片""铜版雕刻"7种滤镜。

打开图像，执行"滤镜 > 像素化 > 点状化"菜单命令，可改变图像像素，使图像产生点状绘画般的效果，如右图所示。

10.2.11 "渲染"滤镜组

应用"渲染"滤镜组可以使图像产生不同程度的三维造型效果、光线照射效果或特殊光晕效果。该滤镜组中包括"分层云彩""光照效果""镜头光晕"等多种不同的滤镜。

打开一幅图像，对该图像应用"光照效果"滤镜，提亮中间主体图像的视觉效果，再利用"镜头光晕"滤镜为画面添加耀眼的光晕效果，效果如右图所示。

10.2.12 "杂色"滤镜组

"杂色"滤镜组可以删除图像因扫描而产生的杂点，常用于图像的后期打印输出。此外，在处理图像时，也可以通过在图像中添加杂色来表现出怀旧的氛围。执行"滤镜 > 杂色"菜单命令，在子菜单中可看到"减少杂色""蒙尘与划痕""去斑""添加杂色""中间值"5种滤镜。

打开一幅旧照片，如下左图所示，执行"滤镜 > 杂色 > 添加杂色"菜单命令，为画面添加杂色效果，增强旧照片的质感，效果如下右图所示。

10.2.13　"其他"滤镜组

通过"其他"滤镜组中的滤镜可改变构成图像的像素排列，从而更改画面效果。该滤镜组包括"高反差保留""位移""最小值"等5个滤镜，其中的"自定"滤镜命令可以自定义各种特殊滤镜效果。

打开一幅图像，如下左图所示，对其应用"高反差保留"滤镜命令，然后调整图像亮度，表现出图像轮廓效果，如下中图所示；对其应用"最大值"滤镜命令，可提亮画面的高光部分，效果如下右图所示。

 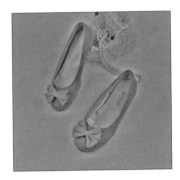 

 实例01　为照片添加晕影效果

本实例为了突出画面中的主体对象，通过"镜头校正"滤镜为画面添加晕影效果，变暗背景区域，并利用调整图层对要突出的主体对象进行提亮，再通过运用其他滤镜命令，柔化画面光线，完善照片影像。

◎ 原始文件：随书资源 \ 素材 \10\01.jpg

◎ 最终文件：随书资源 \ 源文件 \10\ 为照片添加晕影效果 .psd

01 打开原始文件，❶在"图层"面板中复制"背景"图层，得到"背景 拷贝"图层，执行"滤镜>镜头校正"菜单命令，❷在打开的"镜头校正"对话框中单击"自定"选项卡，❸设置"晕影"选项，如下图所示，将"数量"和"中点"选项滑块拖曳到最左侧，完成后单击"确定"按钮，添加晕影效果。

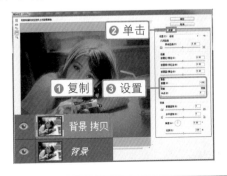

02 选择"椭圆选框工具"，❶在其选项栏中设置羽化选项参数为100像素，使用该工具在画面中的人物区域进行拖曳，绘制椭圆选区，❷然后在"调整"面板中单击"色阶"按钮，如下图所示，创建"色阶1"调整图层。

03 在打开的"属性"面板中对色阶选项进行设置，使用鼠标拖曳下方滑块依次到28、1.93、179位置，设置调整图层后，可看到选区内的图像被提亮，如下图所示。

04 创建"选取颜色1"调整图层，❶在"属性"面板中选择颜色为"红色"，❷设置其参数值为+44、+11、+5、+8，调整画面的红色调效果，如下图所示。

05 创建"自然饱和度1"调整图层，在打开的"属性"面板中设置"自然饱和度"为+100，设置后可看到画面中色彩饱和度被增强后的效果，如下图所示。

06 设置前景色为黑色，❶使用"画笔工具"在图像中的人物皮肤区域进行涂抹，利用调整图层蒙版，遮盖被涂抹区域的自然饱和度效果，❷然后按下快捷键Shift+Ctrl+Alt+E，盖印可见图层，得到"图层1"图层，如下图所示。

07 执行"滤镜>其他>最大值"菜单命令，❶在打开的"最大值"对话框中设置"半径"为5像素，如下左图所示，确认设置后，❷再在"图层"面板中设置"图层1"的图层混合模式为"柔光"，如下右图所示。

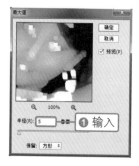

08 设置图层混合模式后，可看到画面中人像的光影效果被增强，图像展现出柔和、明亮的效果，如下图所示。

09 为"图层1"添加图层蒙版，使用黑色画笔在人物的手部进行涂抹，遮盖"图层1"效果，最后在图像中的适当位置添加文字，让画面更完整，如右图所示。

实例02　利用液化修饰人物身形

应用 Photoshop CC 对人像进行处理时，可通过"液化"滤镜的液化变形功能对人物的身形进行调整，为图像中的人物瘦身、调整脸型等，让人物展现更完美的身材。本实例中将多种滤镜相结合，并利用图层混合模式柔化人像，修饰画面效果。

◎ 原始文件：随书资源 \ 素材 \10\02.jpg

◎ 最终文件：随书资源 \ 源文件 \10\ 利用液化修饰人物身形 .psd

01 打开原始文件，在"图层"面板中复制"背景"图层，得到"背景 拷贝"图层。然后执行"滤镜>液化"菜单命令，在打开的"液化"对话框中选择"向前变形工具"并在人物手臂上推动变形，为人物瘦手臂，如下图所示。

02 在对话框左侧工具栏中单击"褶皱工具"按钮，放大画笔后，使用该工具在图像预览框中的人物腰部位置单击，如下左图所示，收缩图像，为人物瘦腰。

03 在工具栏中单击"膨胀工具"按钮，调整画笔到适当大小，然后使用该工具在图像预览框中的人物胸部位置单击，如下右图所示，修饰人物胸部曲线。

04 使用"向前变形工具"在人物脸部边缘进行推动变形，调整人物脸型，如下图所示，设置后单击"确定"按钮，确认变形效果。

05 复制图层，得到"背景 拷贝2"图层，执行"滤镜>其他>最大值"菜单命令，在打开的对话框中将"半径"设置为5像素，如下左图所示，设置后可看到提高了高光亮度后的画面效果，如下右图所示。

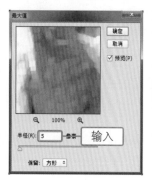 

06 在"图层"面板中将"背景 拷贝2"图层的混合模式设置为"柔光"，如下左图所示，设置后在画面中可看到增强明暗影调后的图像效果，如下右图所示。

07 为"背景 拷贝2"图层添加图层蒙版，设置前景色为黑色，选择"画笔工具"，在画面中的人物区域进行涂抹，编辑图层蒙版，如下左图所示为编辑后在"图层"面板中所显示的效果，此时，"背景 拷贝2"图层中的被涂抹区域的图像被遮盖，效果如下右图所示。

08 创建"色阶1"调整图层，❶在"属性"面板中拖曳滑块依次到32、1.75、236，如下左图所示，设置后画面亮度被增强，❷使用黑色的画笔在人物头像以外的区域进行涂抹，利用调整图层蒙版遮盖被涂抹区域的色阶效果，如下右图所示。

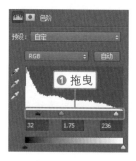 

09 创建"亮度/对比度1"调整图层，在"属性"面板中设置"亮度"为-5、"对比度"为35，如下左图所示，设置调整图层后，可看到画面增强对比度后的效果，如下右图所示。

实例03 制作古典水墨画效果

　　本实例使用滤镜将普通的图像转换成古典水墨画效果。在制作的过程中，先去除画面色彩，将图像转换为黑白效果，然后通过反相图像，利用"画笔描边"滤镜为图像设置出水墨晕染笔触效果，为了突出画面中的花朵部分，通过对图像颜色加以修饰，模拟出更真实的水墨画效果。

◎ 原始文件: 随书资源 \ 素材 \10\03.jpg

◎ 最终文件: 随书资源 \ 源文件 \10\ 制作古典水墨画效果 .psd

01 打开原始文件, 在"图层"面板中复制"背景"图层, 得到"背景 拷贝"图层, 执行"图像>调整>去色"菜单命令, 转换为黑白图像, 如下图所示。

02 执行"图像>调整>反相"菜单命令, 反相图像, 使黑白颜色互换, 显示出反相效果, 如下图所示。

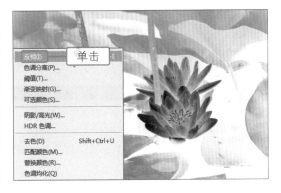

03 执行"滤镜>模糊>高斯模糊"菜单命令, 在打开的对话框中设置模糊"半径"为2像素, 柔化图像, 如下图所示。

04 执行"滤镜>滤镜库"菜单命令, ❶在打开的"滤镜库"对话框中单击"画笔描边"滤镜组下的"喷溅"滤镜, 对喷溅滤镜选项进行设置, ❷调整"喷色半径"为10、"平滑度"为5, 如下图所示, 设置后单击"确定"按钮, 为图像设置出喷溅的笔触效果。

05 ❶在"图层"面板中新建"图层1"图层, ❷设置其图层混合模式为"颜色"、"不透明度"为80%, 设置前景色为红色(R226、G46、B110), 设置后使用画笔在花朵上进行绘制, 为花朵绘制出红色, 如下图所示。

06 创建"选取颜色1"调整图层, ❶在"属性"面板中选择"白色", ❷设置参数依次为+33、+18、+4、+36, 如下左图所示。❸选择颜色为"中性色", ❹设置下方选项参数为+36、+5、0、+31, 如下右图所示。

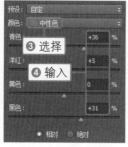

❶ 选择　❷ 输入

❸ 选择　❹ 输入

07 设置调整图层后，在图像窗口中可看到画面呈现深蓝色调效果，如下图所示。

10 按下快捷键Ctrl+A，全选图像，然后执行"选择>变换选区"菜单命令，调整选区大小，确认变换后，执行"选择>反选"菜单命令，反选选区。然后新建图层，为选区内图像填充黑色，制作出黑色边框，如下图所示。

新建

图层3

图层2

08 按下快捷键Shift+Ctrl+Alt+E，盖印可见图层，得到"图层2"图层，执行"滤镜>模糊>高斯模糊"菜单命令，❶在打开的对话框中设置模糊"半径"为10像素，如下左图所示。设置后模糊图像，❷并在"图层"面板中设置"图层2"的图层混合模式为"柔光"，如下右图所示。

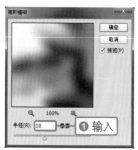

❶ 输入

❷ 选择

11 选中"图层2"图层，单击"加深工具"按钮，并在其选项栏中进行设置，然后在画面中的荷叶图像上进行涂抹，增强暗调。编辑完成后，展现出具有古典感的水墨画效果，如下图所示。

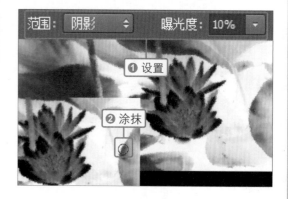

❶ 设置

❷ 涂抹

09 设置图层混合模式后，在图像窗口中可看到柔化笔触后的效果，此时画面增强了明暗影调，呈现水墨绘画效果，如下图所示。

实例04　打造抽象艺术背景效果

本实例将多种滤镜命令配合使用，制作出具有艺术感的抽象画面效果，再利用调整命令对图像的色调加以修饰，创建更加绚丽的图像效果。

◎ 原始文件：无

◎ 最终文件：随书资源 \ 源文件 \10\ 打造抽象艺术背景效果 .psd

01 执行"文件>新建"菜单命令，打开"新建"对话框，❶在对话框中设置新建文件名称为"打造抽象艺术背景效果"、❷"宽度"为430像素、❸"高度"为600像素、❹"背景内容"为白色，如下左图所示。确认设置后，在窗口中可看到一个新建的白色背景的文件，如下右图所示。

02 ❶按下快捷键Ctrl+J，复制图层，得到"图层1"图层，然后对复制图层执行"滤镜>滤镜库"菜单命令，❷在打开的对话框中单击"纹理"滤镜组下的"颗粒"滤镜，❸并在右侧对"颗粒"选项参数进行设置，"强度"和"对比度"为100、"颗粒类型"为"结块"，如下图所示。

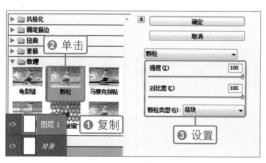

03 确认"颗粒"滤镜设置后，在图像窗口中可看到画面中出现彩色的结块颗

粒，效果如下左图所示。

04 执行"滤镜>像素化>点状化"菜单命令，❶在打开的对话框中将"单元格大小"设置为180，❷设置后单击"确定"按钮，如下右图所示。

05 执行"滤镜>杂色>中间值"菜单命令，❶在打开的"中间值"对话框中设置"半径"为90像素，❷单击"确定"按钮，如下左图所示，在图像窗口中可看到柔化后的色块，且各色块会融合在一起，如下右图所示。

06 执行"滤镜>锐化>USM锐化"菜单命令，在打开的对话框中设置"数量"为500%、"半径"为40像素、"阈值"为0色阶，如下左图所示，单击"确定"按钮，在图像窗口中可看到锐化后的效果，此时各色块颜色和线条都已变得清晰，如下右图所示。

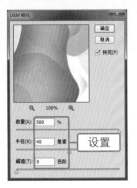

块边线上进行涂抹，柔化图像，去除边缘的锯齿效果，如下图所示。

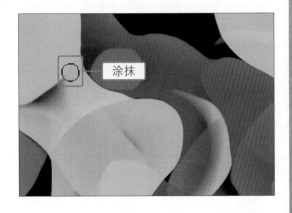

涂抹

07 执行"滤镜>模糊>特殊模糊"菜单命令，❶在打开的对话框中设置"半径"为5、❷"阈值"为20，如下左图所示，单击"确定"按钮模糊图像，让色块颜色更柔和，❸执行"图像>调整>反相"菜单命令，反相画面颜色，如下右图所示。

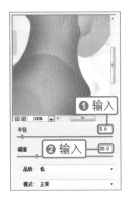

❶ 输入
❷ 输入
❸ 反相

10 使用"横排文字工具"在画面中添加文字，双击文字图层，打开"图层样式"对话框，单击"渐变叠加"样式，在右侧设置适合的渐变色，并调整渐变的样式、角度等选项，如下图所示。

08 创建"曲线1"调整图层，❶将曲线向上拖曳，提高画面亮度，如下左图所示，再创建"色阶1"调整图层，❷拖曳各滑块依次到42、2.12、206位置，如下右图所示。

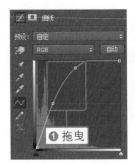

❷ 拖曳
❶ 拖曳

11 单击"图层样式"对话框中的"投影"样式，对"投影"选项参数进行调整，如下左图所示，设置后可看到文字产生渐变色彩后的效果，打造出色彩变化丰富的抽象艺术画面，效果如下右图所示。

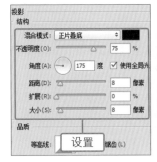

09 设置调整图层后，画面的亮度和对比度被增强，展现出抽象的艺术图像效果，此时选择"模糊工具"，在图像中的各色

实例05 打造创意星球特效

在图像的处理过程中，利用"滤镜"命令常会带来意想不到的特殊效果。本实例利用"极坐标"滤镜让平面化的普通城市风景图像展现出更具立体感的球面图像效果，再通过"球面化"滤镜增强球面效果，完成一幅创意十足的星球特效图片。

◎ 原始文件：随书资源 \ 素材 \10\04.jpg

◎ 最终文件：随书资源 \ 源文件 \10\ 打造创意星球特效 .psd

01 打开原始文件，执行"图像>图像旋转>垂直翻转画布"菜单命令，对图像进行垂直翻转，如下图所示。

02 执行"图像>图像大小"菜单命令，在打开的"图像大小"对话框中取消长宽比约束，❶然后将"宽度"和"高度"都设置为1200像素，如下图所示，❷设置后单击"确定"按钮，将图像调整为方形效果。

03 执行"滤镜>扭曲>极坐标"菜单命令，打开"极坐标"对话框，❶单击"平面坐标到极坐标"单选按钮，❷单击"确定"按钮，如下左图所示，在图像窗口中可查看到图像呈现球面效果，如下右图所示。

04 执行"图像>图像旋转>逆时针90度"菜单命令，如下左图所示，将图像逆时针旋转90°，旋转后的图像效果如下右图所示，按下快捷键Ctrl+J，复制得到"图层1"图层。

05 选择"仿制图章工具"，按住Alt键的同时单击绿色植物区域对像素进行取样，然后在图像中间位置涂抹，仿制出绿色植物图像，如下图所示。

06 使用"仿制图章工具"继续对画面中的适当像素进行取样，然后在左侧的明显界线上进行涂抹，仿制图像，展现出更完整的画面，如下图所示。

07 选择"椭圆选框工具"，在其选项栏中将羽化选项参数设置为100像素，设置后使用该工具在画面的中间位置进行拖曳，绘制一个椭圆选区，如下图所示，按下快捷键Ctrl+J，复制选区内图像得到"图层2"图层。

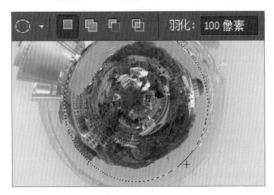

08 执行"滤镜>扭曲>球面化"菜单命令，在打开的"球面化"对话框中，将数量选项滑块拖曳到最右侧，如下左图所示，单击"确定"按钮，在图像窗口中可查看到图像被球面化后的效果，如下右图所示。

09 按下快捷键Ctrl+T，出现变换编辑框，将鼠标移动到边框的角点上，按住Shift+Alt键的同时单击并向内拖曳，如下左图所示，将图像向中心等比例缩小，按下Enter键确认变换。

10 为"图层2"添加一个图层蒙版，设置前景色为黑色，使用"画笔工具"在图像边缘的多余图像上进行涂抹，隐藏被涂抹的图像，如下右图所示。

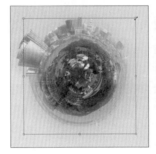

11 创建"亮度/对比度1"调整图层，在"属性"面板中调整"对比度"为40，设置后画面的对比度被增强，最后在图像下方输入两行文字，画面效果将表现得更加完整，如下图所示。

第11章 3D功能和动画制作

在 Photoshop CC 中不仅可以处理平面图像,还可以编辑三维图像、制作动态图像效果。使用 3D 菜单和 3D 面板对三维图像进行编辑和创建,利用"动画"面板创建时间轴动画或帧动画。

11.1 创建3D对象

使用 Photoshop CC 可直接在 3D 面板中完成多种 3D 对象的创建,也可在 3D 菜单中选择适合的命令进行创建,通过使用 3D 对象的创建功能,可将 2D 图像转换为 3D 明信片或预设的 3D 形状等。

11.1.1 创建3D明信片

3D 明信片是具有 3D 属性的平面图像,在图像文件中可将 2D 图层转换为 3D 明信片。在 3D 面板中单击"3D 明信片"单选按钮后,就可以快速将选择的图层内容转换为 3D 明信片图层,此外,也可以通过执行"3D> 从图层新建网格 > 明信片"菜单命令进行创建。

1. 在3D面板中创建

打开一幅图像,如下左图所示,在 3D 面板中单击"3D 明信片"单选按钮,再单击下方的"创建"按钮,如下中图所示,即可将 2D 图像转换为 3D 对象,如下右图所示。

2. 从菜单命令创建

将 2D 图像打开并选择要转换为明信片的图层,然后执行"3D> 从图层新建网格 > 明信片"菜单命令,即可将选中的图层转换为 3D 明信片效果,如下左图和下右图所示。

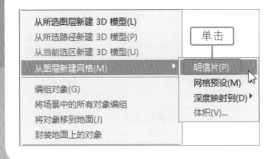 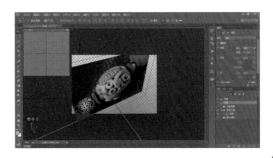

11.1.2　从预设创建3D形状

　　利用 3D 面板中的创建选项,可以从预设创建 3D 形状,在其选项下拉列表中可将创建的形状
选择为锥形、立方体、立体环绕、圆柱体、圆环和帽形等 12 种形状,形状创建完成后,将以当前
选择的图层内容为材质创建 3D 形状。

1. 在3D面板中创建3D形状

　　打开一幅图像,如下左图所示,在 3D 面板中单击"从预设创建网格"单选按钮,单击下方的
下拉按钮,在展开的下拉列表中选择"锥形"选项,如下中图所示,单击下方的"创建"按钮,可
看到图像被创建为圆锥体的效果,如下右图所示。

  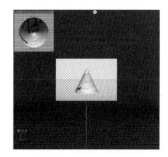

2. 从3D菜单创建形状

　　打开图像后也可执行"3D> 从图层新建网格 > 网格预设"菜单命令,弹出的级联菜单中显示了
可以创建的 3D 形状,如下左图所示,当执行"帽子"命令后,得到如下右图所示的 3D 帽子形状。

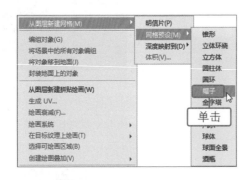 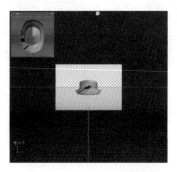

11.1.3　创建3D网格

　　Photoshop CC 拥有平面、双面平面、圆柱体和球体 4 种 3D 深度网格效果。其中"平面"网
格将深度映射数据应用于平面表面;"双面平面"网格可创建两个沿中心轴对称的平面,并将深度
映射数据应用于两个平面;"圆柱体"网格将从垂直轴中心向外应用深度映射数据;"球体"网格
可从中心点向外呈放射状地应用深度映射数据。

打开一张 2D 图像，执行"图像 > 模式 > 灰度"菜单命令，将图像转换为灰度模式，如下左图所示。再执行"窗口 >3D"菜单命令，打开 3D 面板，在面板中单击"从深度映射创建网格"单选按钮，单击下方的下拉按钮，在列表中选择"圆柱体"选项，如下中图所示，单击"创建"按钮，将图像设置为圆柱体效果，如下右图所示。

11.2 3D对象的设置

创建或打开 3D 对象后将进入 3D 工作区，可对图像做进一步设置，用户可以通过 3D 对象调整工具，对图像进行旋转、移动等调整，还可以利用 3D 面板和"属性"面板对 3D 对象的材质、场景和光源等选项进行调整，为 3D 对象添加材质、灯光等表现效果。

11.2.1 3D对象调整工具

进入 3D 工作区后，在工具选项栏中会出现 3D 模式的工具按钮，包括旋转 3D 对象、滚动 3D 对象、拖动 3D 对象、滑动 3D 对象和缩放 3D 对象，单击不同的按钮，可选中不同的 3D 工具，使用这些工具可以更改 3D 模型的位置和大小。

1. 旋转3D对象

单击"旋转 3D 对象"按钮，在 3D 模型中上下拖动，可将模型绕其 X 轴旋转。如下左图所示为原图像效果，选择"旋转 3D 对象"工具后，从上至下拖曳图像，图像将绕 X 轴进行旋转，旋转后的效果如下中图所示；若使用此工具向两侧拖曳，则图像将绕 Y 轴旋转，如下右图所示。

2. 滚动与拖动3D对象

单击"滚动 3D 对象"按钮，在 3D 模型的两侧进行拖动，可使模型绕 Z 轴旋转。单击"拖动 3D 对象"按钮，在 3D 模型两侧进行拖动，可沿水平方向移动模型，上下拖曳则可沿垂直方向

移动模型。分别滚动与拖动 3D 对象的效果如右
图所示。

3. 滑动与缩放3D对象

单击"滑动 3D 对象"按钮![icon]，在 3D 模型的两侧进行拖动，可沿水平方向移动模型；若上下拖动，则可将模型移近或移远，如下左图所示为向上拖曳移远后的效果。单击"缩放 3D 对象"按钮![icon]，在 3D 模型上拖曳，可以将模型放大或缩小，如下右图所示为向上拖曳放大模型后的效果。

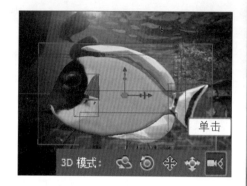

11.2.2 3D材质

Photoshop CC 具有完善 3D 材质功能，用户可使用一种或多种材料来创建模型的整体外观。当模型中包含有多个网格对象时，每个网格都会有与之关联的特定材质，同时 3D 模型可以用一个网格构建，也可以使用多种材料构建。

1. 查看材质信息和选项

打开一个 3D 模型，如下左图所示，选择 3D 对象所在图层，执行"窗口 >3D"菜单命令，打开 3D 面板，单击面板中的"滤镜：材质"按钮，即可在面板下方显示 3D 模型包含的材质信息，如下中图所示，此时打开"属性"面板，在面板下方即显示所有可调整的材质选项，如下右图所示。

2. 设置选项更改材质效果

在材质"属性"面板中可以选择漫射、镜像、发光和环境颜色等选项，并且可以编辑其他选项参数，如下左图所示。设置完成后，在 3D 模型中可看到改变材质后的效果，如下右图所示。

 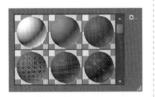
11.2.3　3D场景

对 3D 场景进行设置时，可更改 3D 对象渲染模式，并能快速选择要在其上绘制的纹理或创建横截面。可以利用 3D 场景面板了解 3D 模型的所有场景信息，包括环境、材质、光源等。

打开一幅 3D 模型素材，如下左图所示，在 3D 面板中单击"滤镜：整个场景"按钮 ，可显示当前 3D 模型的场景信息，如下中图所示，如果需要对场景做进一步调整，则可以打开"属性"面板，在面板中设置选项，如下右图所示。

11.2.4　3D光源

3D 对象需通过不同角度的光源来照亮，从而添加逼真的深度和阴影。Photoshop CC 提供了 3 种类型的光源，分别是点光、聚光灯和无限光。打开 3D 模型后，在 3D 面板中单击"滤镜：光源"按钮，即可看到该 3D 对象中的所有光源，选择其中一个光源，然后利用"属性"面板调整光源位置，更改照射范围和效果，或者添加光源到模型中，以获得需要的光照效果。

1. 选择光源

选择 3D 对象图层后，在 3D 面板中单击"滤镜：光源"按钮 ，即可显示光源信息，如下左图所示。单击光源名称，在 3D 模型上即可显示该光源，如下右图所示。

2. 新建和调整光源

可以根据需要为画面中的 3D 对象添加不同的光源照射效果。单击 3D 面板光源下方的"创建新光源"按钮 ，在打开的菜单中可选择新建的光源类型，包括点光、聚光灯和无限光，如下左图所示。单击选择"新建聚光灯"选项，即可在 3D 模型中看到新增的聚光灯光源效果，如下中图所示，运用鼠标单击并拖曳，能够调整光源的位置，如下右图所示。

11.3 ▶ 动画的创建

动画就是在特定时间内显示出一系列的图像或帧，用户可结合使用"时间轴"面板和"图层"面板来创建动画帧，制作出 GIF 格式的动画。使用 Photoshop CC 可制作的动画模式有两种，一种为帧动画，另一种为时间轴动画，并且都可以通过导出的方式存储制作的动画。

11.3.1 "时间轴"面板

执行"窗口 > 时间轴"菜单命令，即可打开"时间轴"面板，默认情况下系统选择"动画（时间轴）"面板，用于设置时间轴动画，若单击面板下方的"转换为帧动画"按钮 ，即可切换到"动画（帧）"面板中，用于设置帧动画。如下左图所示为"动画（帧）"面板，下右图所示为"动画（时间轴）"面板。

创建的动画效果与图层内容息息相关。创建帧动画时，可以利用不同图层内容控制每帧中的内容，让每一帧中的效果不同，从而创建出动态的图像效果；在时间轴动画中，通过编辑选中图层的基本属性（透明度、图层样式等），以制作出在特定时间范围出现影像变化的效果。

11.3.2　帧动画

帧动画是由一帧一帧的单独画面串联组合而成的动态影像，利用"动画（帧）"面板，可创建简单的帧动画效果。在面板中通过新建帧，创建出需要的帧数，然后对图像进行编辑，改变图像效果，让每帧中的内容不同，编辑后单击"播放动画"按钮，即可预览动画效果。

1. 创建帧动画

在"动画（帧）"面板中新建两帧内容，然后选择不同的帧对图像颜色进行更改，制作出简单的富有色彩变化的动画效果，如下左图所示。单击帧缩览图，选中某一帧的内容，即可在图像窗口中看到该帧中的图像效果，如下右图所示。

2. 设置时间与复制帧

每一帧的缩览图下方都显示了该帧内容的播放时间，单击下三角按钮，在打开的下拉列表中可选择更多的时间选项，以控制每帧的显示时间。单击选择某帧后，在面板下方单击"复制所选帧"按钮 ，即可复制该帧内容，如下左图和下右图所示。

在创建帧动画的过程中，可使用"过渡"功能在两帧内容之间直接添加设定的帧数，产生自然的动画过渡效果，方法是选中某帧后，❶单击面板下方的"过渡动画帧"按钮 ，如下左图所示，❷在打开的"过渡"对话框中选择过渡方式、添加的帧数、图层和参数等选项，如下中图所示，确认设置后，可看到在选择的帧后添加了过渡内容，如下右图所示。

11.3.3　时间轴动画

时间轴动画可在设定的时间内展现出变化自然的动画效果，单击"动画（帧）"面板下方的"转换为时间轴动画"按钮 ，转换到"动画（时间轴）"面板中，通过编辑选中图层内容的位置、不透明度或样式，创建出运动或变化的显示效果。

在"动画（时间轴）"面板中编辑图层的位置、不透明度效果，如下左图所示，在图像窗口中可看到动画播放前的元素效果，如下中图所示。播放动画后，可看到被编辑的图层内容逐渐显示出来，展现出自然的发光动画效果，如下右图所示。

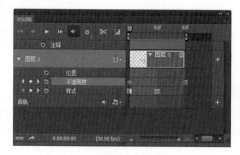  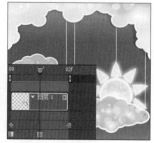

11.3.4　保存动画

制作完动画效果后，需要通过"存储为 Web 所用格式（旧版）"命令，将图像保存为 GIF 动画格式。执行"文件 > 导出 > 存储为 Web 所用格式（旧版）"菜单命令，在打开的对话框中选择存储格式，并对图像大小、动画播放次数等选项进行设置，以获取需要的动画效果。

在"存储为 Web 所用格式"对话框的右侧，❶可将动画格式设置为 GIF，并调整其他优化选项。❷在对话框右下方单击"播放动画"按钮，如下左图所示，此时在对话框中可预览到动画效果，如下右图所示，设置后单击"存储"按钮，即可将动画保存到指定位置。

 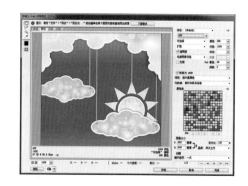

实例01　创建3D形状并添加材质

本实例从选中的图层内容中创建预设的 3D 形状效果，并为创建的 3D 形状添加材质效果，再通过调整光源、位置等选项，使创建的 3D 图像与背景图层自然地融合在一起。

◎ 原始文件：随书资源 \ 素材 \11\01.jpg、02.jpg

◎ 最终文件：随书资源 \ 源文件 \11\ 创建 3D 形状并添加材质 .psd

01　启动Photoshop CC后，执行"编辑>首选项>性能"菜单命令，在打开的"首选项"对话框中勾选"性能"选项卡

中的"使用图像处理器"复选框，如下左图所示。打开原始文件"01.jpg"，打开后的图像效果如下右图所示。

钮■，选择3D缩放工具，❷在3D对象的边框边角位置单击并拖曳，缩小模型，如下左图所示。❸然后在3D面板中单击"滤镜：光源"按钮■，显示3D对象的光源，如下右图所示。

02 执行"文件>置入链接的智能对象"菜单命令，置入原始文件"02.jpg"，使用鼠标拖曳置入的图片，将图像放大至合适的大小，如下左图所示。❶右击置入的图层，❷在打开的菜单中选择"栅格化图层"命令，如下右图所示，将智能图层栅格化为普通的像素图层。

05 将鼠标放置到3D模型的光源点上，❶单击并拖曳鼠标，移动光源位置，调整光照效果，如下左图所示。然后在选项栏中单击"滚动3D对象"按钮■，❷在模型边框边角位置单击并拖曳，滚动模型，如下右图所示。

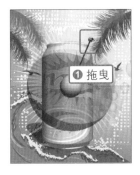

03 执行"窗口>3D"菜单命令，打开3D面板，❶单击"从预设创建网格"下拉按钮，❷在下拉列表中选择"汽水"选项，如下左图所示，然后单击"创建"按钮，即可在选中的图层中新建一个3D对象，如下右图所示。

06 退出3D对象的选择状态并在工具箱中选择其他工具，由此可清楚地看到3D模型被调整后的效果，如下左图所示。在"图层"面板中复制"背景"图层，得到"背景 拷贝"图层，并移动到最上层，添加图层蒙版，如下右图所示。

04 单击"移动工具"按钮■，❶然后在其选项栏中单击"变焦3D相机"按

第11章

第11章 3D功能和动画制作 205

技巧提示 移动图层顺序

　　按快捷键 Ctrl+]/Ctrl+[可将当前图层向上 / 向下移动一层，按快捷键 Shift+Ctrl+]/Shift+Ctrl+[可将当前图层快速移动到最上层 / 最下层。

07 ❶在"通道"面板中单击选择"红"通道，如下左图所示，在图像窗口中可看到该通道中的黑白图像效果。❷选择"魔棒工具"在白色区域单击，如下右图所示，将画面中的白色区域添加到选区内。

08 单击RGB通道，显示所有颜色通道，返回原图像中，设置前景色为黑色，单击"背景 拷贝"图层蒙版缩览图，按下快捷键Alt+Delete，将选区填充为黑色，如下左图所示。按下快捷键Ctrl+D取消选区，在图像窗口中可看到被蒙版遮盖后的图像，此时3D对象与背景图像自然融合，效果如下右图所示。

09 按住Ctrl键不放，单击02图层缩览图，载入汽水选区，创建"色阶1"调整图层，在"属性"面板中对色阶选项进行

设置，使用鼠标拖曳下方选项滑块位置依次到44、1.61、255，如下左图所示，设置后选区中图像的亮度被提高，效果如下右图所示。

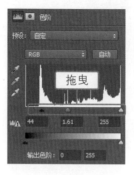
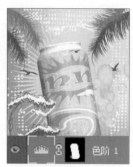

10 选择"横排文字工具"，打开"字符"面板，设置字体、字体大小等选项，调整颜色为橙色（R245、G131、B0），如下左图所示，然后使用该工具在图像下方输入一行橙色文字，如下右图所示。

11 在"字符"面板中设置字体、字体大小等选项，并调整颜色为黄色（R254、G234、B0），如下左图所示，设置后使用"横排文字工具"在上一步添加的文字下方继续输入两行文字，将文字右对齐，完善画面效果，如下右图所示。

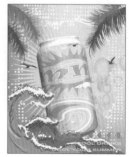

实例02 调整3D图像光源与材质

本实例使用 Photoshop CC 将制作好的 3D 模型文件打开，添加上合适的背景图像，再根据背景图像的光照情况调整 3D 模型的光源位置，统一画面光线效果，让 3D 模型与背景自然融合，并为 3D 模型添加预设的材质效果，增强 3D 模型的质感和表现力。

◎ 原始文件：随书资源\素材\11\03.3ds、04.jpg

◎ 最终文件：随书资源\源文件\11\调整 3D 图像光源与材质.psd

01 同时打开"03.3ds"和"04.jpg"，并在"04.jpg"中按下快捷键Ctrl+A，全选图像，如下左图所示，再按下快捷键Ctrl+C，复制选择的图像，切换至"03.3ds"中，按下快捷键Ctrl+V，粘贴图像，得到"图层2"图层，如下右图所示。

02 按下快捷键Ctrl+[，将"图层2"图层下移到"图层1"下方，在图像窗口中可看到为3D模型添加了背景图像的效果，如下图所示。

03 选择"移动工具"，❶在其选项栏中单击"缩放3D对象"按钮，❷在3D模型的边框边角点上单击并拖曳，放大3D模型，如下图所示。

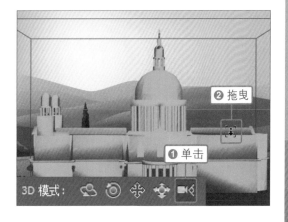

04 ❶在3D面板中单击"滤镜：光源"按钮，❷选中3D模型的光源，❸使用鼠标在光源上单击并拖曳，旋转光源角度，调整画面光照效果，如下图所示。

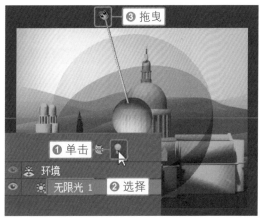

05 ❶单击3D面板中的"滤镜：材质"按钮，显示3D对象材质，如下左图所示，打开"属性"面板，显示材质设置选项，❷在材质预览框右侧单击下三角按钮，如下右图所示，打开"材质"拾色器。

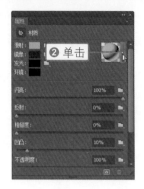

08 创建"色彩平衡1"调整图层，❶在打开的"属性"面板中选择色调为"阴影"，❷调整下方选项参数依次为+10、0、-30，设置后可看到增强了暗调的颜色效果，如下图所示。

06 在打开的"材质"拾色器中向下滑动右侧滑块，显示更多的材质选项。在适合的材质上单击，即可将其应用到3D模型中，增强模型质感，如下图所示。

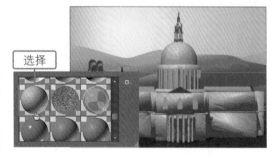

09 创建"色阶1"调整图层，在打开的"属性"面板中依次输入色阶值为20、1.00、240，增强对比度后的效果如下图所示。

07 再单击3D面板中的"滤镜：光源"按钮，❶在"属性"面板中设置光源"颜色"的"强度"为91%、"阴影"的"柔和度"为27%，❷然后适当调整光源的位置，如下图所示。

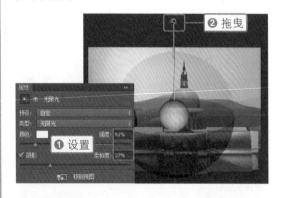

实例03　可爱表情动画秀

本实例使用 Photoshop CC 制作出不同表情变化的动画效果。在制作时为每个图层添加不同的表情图像，在"动画（帧）"面板中创建帧，为每帧应用不同图层中的表情效果，就可以快速制作出可爱的表情动画，最后将制作结果存储为 GIF 动画格式。

◎ 原始文件：随书资源 \ 素材 \11\05.jpg ～ 07.jpg

◎ 最终文件：随书资源 \ 源文件 \11\ 可爱表情动画秀 .gif

01 打开原始文件"05.jpg"和"06.jpg"，将"06.jpg"中的图像复制到"05.jpg"中，得到"图层1"图层，如下左图和下右图所示。

02 按下快捷键Ctrl+T，使用变换编辑框调整图像大小，如下左图所示，再打开原始文件"07.jpg"，将其复制到"05.jpg"中得到"图层2"图层，如下右图所示。

03 ❶在"图层"面板中单击"图层2"前的"指示图层可见性"按钮，如下左图所示，隐藏"图层2"。继续使用同样的方法，将"图层1"图层也隐藏，❷再选中"背景"图层，如下右图所示。

04 打开"时间轴"面板，单击"创建视频时间轴"按钮旁边的倒三角形按钮，

❶在展开的列表中执行"创建帧动画"命令，❷再单击"创建帧动画"按钮，如下图所示。

05 切换到帧动画模式，单击"复制所选帧"按钮，复制一帧，如下图所示。

06 在"图层"面板中选择"图层1"并单击图层缩览图前的"指示图层可见性"按钮，如下左图所示，重新显示"图层1"图层，在"动画（帧）"面板中可看到第二帧中显示的缩览图为"图层1"中的内容，如下右图所示。

07 在"动画（帧）"面板下方单击"复制帧"按钮，新建第三帧，然后在"图层"面板中选中并显示"图层2"，如下左图所示，在"动画（帧）"面板中可看到第三帧的缩览图显示效果，如下右图所示。

08 单击帧缩览图下的下三角按钮，在打开的列表中选择"0.5"选项，即设置每帧的显示时间为0.5秒，如下左图所示，用同样的方法单击另两帧缩览图下的下三角按钮，

第11章

打开列表，选择显示时间都为0.5秒，设置后如下右图所示。

09 执行"文件>导出>存储为Web所用格式（旧版）"菜单命令，打开"存储为Web所用格式"对话框，在对话框右侧设置文件格式为"GIF"，调整右下方选项中的图像大小等选项，对动画进行优化设置，如下图所示。

10 优化动画效果后，单击对话框左下方的"预览"按钮，可打开Web浏览器窗口，显示优化的动画效果，并可查看图像格式、尺寸、大小等信息，如下图所示。

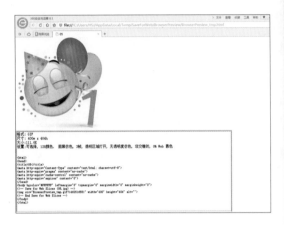

11 确认效果满意后，单击"存储为Web所用格式"对话框下方的"存储"按钮，如下图所示，即可对动画文件进行保存。

 实例04 制作时间轴动画

在需要展现过渡更加自然的动画效果时，可创建时间轴动画。本实例先为背景图像添加漂亮的人像效果，再在"动画（时间轴）"面板中对人物图层的位置、不透明度进行调整，制作出渐隐的人物图像动画效果。

◎ 原始文件：随书资源 \ 素材 \11\08.jpg、09.jpg

◎ 最终文件：随书资源 \ 源文件 \11\ 制作时间轴动画 .gif

01 执行"文件>打开"菜单命令，同时打开原始文件"08.jpg"和"09.jpg"，如下左图和下右图所示。

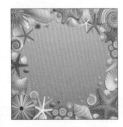 

02 在人物图像中执行"图像>调整>可选颜色"菜单命令，打开"可选颜色"对话框，❶选择"红色"选项，❷设置"青色"参数为-57，如下左图所示。❸再选择颜色为"黄色"，❹在下方设置各选项参数值依次为-11、0、-30、-100，如下右图所示。

03

设置"可选颜色"命令后，在画面中可看到调整人物皮肤颜色后的效果。执行"图像>调整>色阶"菜单命令，在打开的"色阶"对话框中拖曳各滑块依次到26、1.32、245位置，如下图所示。

04

设置"色阶"命令后，提高了画面亮度。❶选择"椭圆选框工具"并在选项栏中设置羽化值为100像素，❷使用"椭圆选框工具"在图像中拖曳绘制一个椭圆选区，如下图所示，按下快捷键Ctrl+C，复制选区中的人物图像。

05

切换至"08.jpg"中，按下快捷键Ctrl+V，粘贴图像，得到"图层1"图层，如下左图所示。按下快捷键Ctrl+T，使用变换编辑框对人物图像的大小和位置进行调整，如下图所示，按下Enter键确认变换。

06

执行"窗口>时间轴"菜单命令，打开"时间轴"面板，单击"时间轴"面板中的"创建视频时间轴"按钮，创建时间轴动画，如下图所示。

07

在"动画（时间轴）"面板中单击并向右拖曳缩览图上方的"工作区域结束"滑块，确定动画的播放时间，如下图所示。

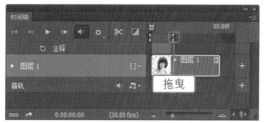

08

在"动画（时间轴）"面板中，使用鼠标单击"图层1"缩览图后的三角按钮，展开图层属性的设置选项，如下图所示。

09 ❶在"位置"选项前单击"启用关键帧动画"按钮 🕖，出现黄色滑块，❷用鼠标将黄色滑块向右拖曳，如下图所示。

10 ❶单击"不透明度"前的"时间变化秒表"按钮 🕖，时间轴上出现黄色滑块，在"图层"面板中选中"图层1"后，❷单击"不透明度"选项下拉按钮，将选项滑块拖曳到最左侧，设置"不透明度"为0%，如下图所示，画面中人物图像将被隐藏。

11 ❶在"动画（时间轴）"面板中将"不透明度"选项后的黄色滑块向右拖曳到01:14位置，❷在"图层"面板中将"图层1"图层的"不透明度"更改为100%，如下图所示，将图层中的人物显示出来。

12 编辑时间轴动画后，在面板上方单击"播放"按钮 ▶，如下图所示，即可看到时间轴的帧开始移动，图像窗口中的动画开始播放渐隐的人物影像动画。

13 执行"文件>导出>存储为Web所用格式（旧版）"菜单命令，打开"存储为Web所用格式"对话框，在对话框中设置存储格式为GIF，优化各选项，如下图所示，再调整图像大小等，设置后单击"存储"按钮，即可保存为GIF格式的动画。

第12章 动作、批处理及图像输出

在图像处理的最后阶段，可通过动作、批处理功能，快速完成单个或多个文件的最终操作，并利用图像输出设置，优化输出效果或选取特殊的输出文件格式，让用户根据应用需求获取编辑后的作品。

12.1 "动作"的运用

Photoshop CC 的"动作"功能用于自动处理图像，用户可通过"动作"面板来管理和应用动作。在"动作"面板中罗列了多种预设动作，选择后可直接应用到图像中。若将图像处理的操作步骤记录为新的动作，存储到"动作"面板中，当对其他图像应用该动作时，程序将自动运行这些操作步骤，快速处理出相同的效果。

12.1.1 了解"动作"面板

Photoshop CC 中的动作都存储在"动作"面板中，在面板中以动作组对动作进行归类。执行"窗口 > 动作"菜单命令，打开"动作"面板，在面板中可显示出默认动作。选择动作并播放，就能将该动作记录的操作步骤应用到图像中，实现自动处理。

1. 查看并选择动作

打开一幅图像，如下左图所示，打开"动作"面板，可看到"默认动作"动作组，❶单击该动作组前的三角按钮，展开该组中的动作，❷单击选择某个动作，并单击该动作前的三角按钮，可展开该动作的操作内容，如下右图所示。

2. 播放动作

选择动作后，单击"动作"面板下方的"播放动作"按钮，如下左图所示，即可自动运行该动作的操作内容，将该动作效果应用到图像中，如下右图所示即为播放动作后产生的效果。

12.1.2 选择预设动作

"动作"面板中默认只显示"默认动作"动作组，此外，Photoshop CC 提供的预设动作还包括"命令""画框""图像效果""流星""文字效果""纹理"等 9 个动作组，下面介绍将这些预设动作加载到"动作"面板中的方法。

❶单击"动作"面板右上角的扩展按钮，在打开的面板菜单中显示了各种预设动作组，如下左图所示，❷单击选择后即可将该动作组添加到"动作"面板中，如下右图所示。

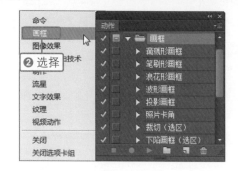

12.1.3　记录新动作

在"动作"面板中不仅可以选择预设的动作，还可以将常用的编辑操作步骤记录为新的动作，存储到"动作"面板中。在新建动作前，需选择动作组或新建一个动作组，再利用新建动作功能，在动作组中新建动作，开始记录对图像的操作过程，将操作步骤一步一步记录下来，停止记录后，创建出完整的动作。

1. 新建动作组

❶在"动作"面板下方单击"创建新组"按钮 ▣，如下左图所示，可打开一个"新建组"对话框，❷在对话框中可设置新建的动作组名称，如下中图所示，确认设置后，❸在"动作"面板中即可创建出一个新的动作组，如下右图所示。

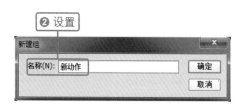

2. 新建并记录动作

❶在"动作"面板下方单击"创建新动作"按钮 ▣，如下左图所示，❷在打开的"新建动作"对话框中可设置该动作的名称、功能键等，如下中图所示，单击"记录"按钮开始记录，❸此时"动作"面板中会显示创建的动作及记录下来的图像编辑过程中的操作步骤，如下右图所示。单击面板底部的"停止播放 / 记录"按钮可结束记录。

12.2　文件的批量处理

通过批量处理功能，可同时对多张图像进行相同的编辑处理，为用户节约大量的时间和精力。常用的批量处理命令包括"批处理""Photomerge""图像处理器"，利用这 3 个命令可以对照片批量应用动作以制作相同效果、拼合多张照片以及批量修改图像格式等。

12.2.1 使用"批处理"命令

利用"批处理"命令可对一个文件夹中的所有图像文件运用某个特定动作，实现同时对多个文件进行快速处理。执行"文件 > 自动 > 批处理"菜单命令，在打开的"批处理"对话框中即可选择要处理的文件、要执行的动作及处理后的存储位置等。

1. 打开"批处理"对话框

要批量处理的文件夹如下左图所示。执行"文件 > 自动 > 批处理"菜单命令，即可打开"批处理"对话框，在对话框中可选择播放动作、源文件等，如下右图所示。

2. 设置批处理选项

单击"源"选项组下的"选择"按钮，就能打开"浏览文件夹"对话框，❶选取需要批处理的文件夹，如下左图所示，❷在"动作"下拉列表中选取动作，如下中图所示，确认设置后软件将自动处理所选文件夹中的所有图像，如下右图所示。

12.2.2 创建快捷批处理

"快捷批处理"是一种批量处理的快捷方式，通过"创建快捷批处理"命令，可创建一个应用程序的快捷方式，并存储到需要的文件夹内。将需要处理的某个或多个文件选中后，拖曳到快捷批处理图标上，即可在 Photoshop CC 中对这些文件进行自动处理，快速得到需要的效果。

1. 创建快捷批处理

执行"文件 > 自动 > 创建快捷批处理"菜单命令，❶在打开的"创建快捷批处理"对话框中设置快捷批处理存储位置、选择处理动作等，❷创建快捷批处理图标如右图所示。

2. 应用快捷批处理

　　将需要处理的图像选中后拖曳到快捷批处
理图标上，即可将图像在 Photoshop CC 中打
开并自动进行处理，快速为图像添加需要的效
果，如右图所示。

12.2.3　多张照片的拼接处理

　　对于有相同区域的多张照片，使用 Photomerge 命令可对其进行不同形式的拼接，自动处理出
完整的全景照片效果。执行"文件 > 自动 >Photomerge"菜单命令，打开 Photomerge 对话框，在
对话框中选择要处理的源文件，并且可以选择自动、透视、圆柱、球面、拼贴等多种版面方式来对
图像文件进行拼接。

1. 选择拼接文件

　　❶打开多张具有相同图像区域的文件，如下左图所示，执行"文件 > 自动 >Photomerge"菜单
命令，❷在打开的对话框中添加需要处理的文件，并选择版面方式，如下右图所示。

2. 查看拼接效果

　　确认 Photomerge 设置后，软件将自动新建一个"全景图 1"文件，将多个图像自动拼接成一
幅新的全景图像，在"图层"面板中可看到合成图层效果，如下左图所示，全景图像效果如下右图
所示。

📖 **知识补充**

　　Photomerge 命令用于拼接全景图效果，为了能让全景图像的画面表现得更为广阔，可在
拍摄时，为同一景物拍摄不同角度的多张照片，传送至计算机中，利用 Photomerge 命令进行
自动化处理，将多张照片完美合成为一张壮丽的全景图。对于拼接后出现的参差不齐的边缘效
果，可利用"裁剪工具"进行裁剪，让画面变得更完整。

12.2.4 使用"图像处理器"批处理文件

使用"图像处理器"命令可以转换和处理多个文件，将所选择的文件夹中的图像文件以特定的格式、大小保存。执行"文件 > 脚本 > 图像处理器"菜单命令，在打开的"图像处理器"对话框中选择需要处理的文件夹、存储位置、文件类型和运行的动作等。

执行"文件 > 脚本 > 图像处理器"菜单命令，在打开的对话框中单击"选择文件夹"选项按钮，❶打开"选择文件夹"对话框，选取文件夹，❷再返回"图像处理器"对话框中设置文件类型、选择动作，如右图所示，确认设置后即可对选中的文件夹中的全部文件进行处理。

12.3 文件的输出

在 Photoshop CC 中制作出精美的作品后，可使用多种方式输出：执行"存储为"命令可将其存储为各种文件格式；执行"存储为 Web 所用格式（旧版）"命令可将其输出为适合网页显示的文件；执行"打印"命令可以在图像打印前进行优化设置。

12.3.1 选择图像的存储格式

编辑图像文件后，执行"文件 > 存储为"菜单命令，在打开的"另存为"对话框中的"保存类型"下拉列表中可选择 PSD、BMP、JPEG、PNG 和 TIFF 等 22 种文件格式。

图像编辑完成后，执行"存储为"命令，在打开的对话框中可设置存储的图像位置、名称，如下左图所示。单击"保存类型"下拉按钮，在下拉列表中选择需要的文件格式，如下右图所示，选取文件格式后还可设置存储选项。

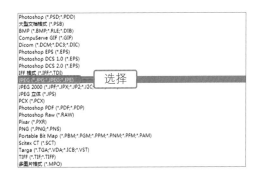

12.3.2 存储为Web所用格式

对图像执行"文件 > 导出 > 存储为 Web 所用格式（旧版）"菜单命令，在打开的"存储为 Web 所用格式"对话框中对图像进行优化设置，选择需要的文件格式等，确认后即可将图像输出为 Web 所用的格式。

1. 选择存储格式

对图像文件执行"文件 > 导出 > 存储为 Web 所用格式（旧版）"菜单命令，❶在打开的对话框右侧的文件格式下拉列表中选择文件格式，如下左图所示，❷设置后在对话框左侧的预览框中可看到该格式优化后的图像效果，如下右图所示。

2. 以四联预览图像

在预览框中单击"四联"标签，将预览框以四联形式显示，然后在对话框右侧的选项中设置各选项，如下左图所示，以优化图像，优化后的画面效果如下右图所示。

> **知识补充**
>
> 优化图像后，单击对话框下方的"预览"按钮，将打开 Web 浏览器，显示优化后的图像效果，并在图像下方显示图像的格式、尺寸、大小和设置内容等。

12.3.3 图像的导出

通过"导出"命令可将图像导出为需要的特殊文件格式，例如导出为视频文件或将图像中的路径导出为 Illustrator 文件，也可以利用 Zoomify 命令将图像发布到 Web 服务器终端。执行"文件 > 导出"菜单命令，在打开的子菜单中即可选择需要的导出命令。

1. Zoomify导出

❶执行"文件 > 导出 >Zoomify"菜单命令，如下左图所示，打开"Zoomify 导出"对话框，❷在对话框中设置输出文件的位置、浏览器大小等，设置后可在 Web 浏览器中打开图像，对话框如下右图所示。

2. 导出路径到Illustrator

对于绘制的矢量路径图形，可执行"文件 > 导出 > 路径到 Illustrator"菜单命令，❶打开"导出路径到文件"对话框，选择导出的路径，❷确定后可打开"选择存储路径的文件名"对话框，设置文件名称和保存位置，如右图所示。

12.3.4 图像的打印

需要将编辑后的图像打印输出时，可执行"文件 > 打印"菜单命令，然后在"打印"对话框中对图像进行打印前的设置，可调整需要打印的图像区域、打印的页面大小、打印份数，也可以对打印文件进行色彩管理、调整位置和大小等操作。

1. 调整打印图像

对需要打印的图像执行"文件 > 打印"菜单命令，打开"打印"对话框，使用鼠标在预览框中的图像上单击并拖曳，调整图像大小，如下左图所示。将图像调整到适合页面大小后的效果如下右图所示。

2. 设置打印选项

单击"打印"对话框右侧设置栏中的"位置和大小"选项前的三角按钮，在展开的选项中可调整图像位置和缩放打印尺寸等，如下左图所示。单击"打印标记"选项前的三角按钮，可在展开的选项中为打印文件设置打印标记，如下右图所示。

在"打印"对话框中需要设置打印页面的大小，单击对话框右上方的"打印设置"按钮，可在打开的对话框中看到当前页面的大小和方向，单击"页面大小"选项的下拉按钮，可在打开的下拉列表中选择预设的各种大小尺寸，如右图所示，也可在"宽度"和"高度"数值框中直接输入数值，自定义打印页面的大小。

实例01　利用动作添加相框效果

对图像进行编辑后，可添加适当的相框来装饰画面，利用"动作"功能可快速完成这一操作。本实例在"动作"面板中选择预设的一个或多个画框动作，直接应用到图像上，自动添加上简洁、漂亮的相框效果，让图像作品效果变得更完整。

◎ 原始文件：随书资源 \ 素材 \12\01.jpg

◎ 最终文件：随书资源 \ 源文件 \12\ 利用动作添加相框效果 .psd

01 打开原始文件，在"图层"面板中单击"背景"图层并向下拖曳到"创建新图层"按钮上，复制图层得到"背景 拷贝"图层，如下图所示。

02 执行"滤镜>模糊>高斯模糊"菜单命令，❶在打开的"高斯模糊"对话框中设置"半径"为5像素，如下左图所示，模糊图像，❷在"图层"面板中设置"背景 拷贝"图层混合模式为"叠加"，如下右图所示。

03 混合图层后，画面变得更柔和，在"通道"面板中按住Ctrl键的同时单击RGB通道缩览图，载入通道为选区，如下图所示。

04 创建"色阶1"调整图层，在"属性"面板中调整色阶选项滑块依次到70、1.69、255位置，设置后增强画面对比度效果，如下图所示。

05 盖印图层，得到"图层1"图层，打开"动作"面板，❶单击面板右上角的扩展按钮，❷在打开的面板菜单中选择"画框"选项，如下左图所示。

06 在"动作"面板中可看到添加的"画框"动作组，并可查看到该动作组下的多个画框动作，如下右图所示。

07 ❶在"动作"面板中单击选中"笔刷形画框"动作，❷然后单击下方的"播放选定的动作"按钮，开始为图像应用该动作，添加上白色的笔刷形边框效果，如下图所示。

08 ❶在"动作"面板中选中"木质画框-50像素"动作，❷单击"播放选定的动作"按钮，应用该动作，为图像添加木质画框，如下图所示。

09 在"图层"面板中隐藏"图层3"的"内阴影"效果，如下图所示，选中画框图层，按下快捷键Ctrl+T，使用变换编辑框对画框进行缩小变换，调整到适当的大小和位置，并按下Enter键确认变换。

10 最后使用"裁剪工具"将画面边缘的空余区域裁剪掉，展现出更完整的画面效果，如下图所示。

实例02 拼接出壮丽的全景图

本实例将拍摄的多张图像通过 Photomerge 命令自动创建为无缝拼接的图像，再利用"裁剪工具"去除拼接图像时产生的参差不齐的边缘，最后运用调整图层增强画面色彩饱和度，制作出一幅壮丽的全景图。

◎ 原始文件：随书资源 \ 素材 \12\02.jpg ～ 04.jpg

◎ 最终文件：随书资源 \ 源文件 \12\ 拼接出壮丽的全景图 .psd

01 执行"文件>自动>Photomerge"菜单命令，打开Photomerge对话框，❶单击"浏览"按钮，❷在"打开"对话框中选中"02.jpg～04.jpg"，如下图所示，❸然后单击"确定"按钮。

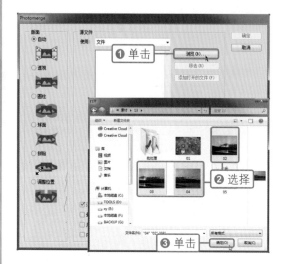

02 打开需要拼合的图像后，在Photomerge对话框中将版面选择为"自动"，❶然后单击"确定"按钮，程序将自动拼接图像，新建一个文档，❷并出现"进程"对话框，以提示创建无缝合成图像的进程，如下图所示。

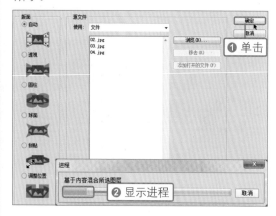

03 程序自动拼合图像后，在新建的文件中图像将会合成为一幅新的画面，在"图层"面板中可看到该图像的合成图层效果，如下图所示。

04 选择"裁剪工具"，使用鼠标将裁剪边缘向内拖曳，创建裁剪框，如下图所示，然后按下Enter键确认裁剪。

05 确认裁剪后，在图像窗口中可看到去除了边缘的多余像素，最终展现出一幅完整的全景图像画面，如下图所示。

06 创建"自然饱和度1"调整图层，在打开的"属性"面板中设置"自然饱和度"为+80，如下图所示，设置调整图层后，可看到画面色彩饱和度被增强，展现出色彩艳丽的风景画面。

实例03　批量为图像添加水印

在图像中添加需要的水印信息，可以确保图像的版权。通过"动作"面板记录下添加水印的操作步骤，并将其存储为一个新的动作，然后利用"批处理"命令对需要添加水印的多张图像快速进行处理，批量为图像添加水印效果。

◎ 原始文件：随书资源 \ 素材 \12\05.jpg、"批处理"文件夹

◎ 最终文件：随书资源 \ 源文件 \12\ 批量为图像添加水印 .psd

01 打开原始文件"05.jpg"，执行"窗口>动作"菜单命令，打开"动作"面板，❶单击面板下方的"创建新组"按钮█，❷打开"新建组"对话框，确认设置后新建"组1"动作组，如下图所示。

02 新建动作组后，❶单击"创建新动作"按钮█，打开"新建动作"对话框，❷输入名称为"水印"，❸单击"记录"按钮，确认新建动作，如下图所示。

03 在"动作"面板中可看到新建的动作名称，并开始记录动作，如下左图所示。使用"横排文字工具"在画面中输入两行黑色文字，如下右图所示。

> **技巧提示　删除记录的动作**
>
> 开始记录动作时，如因操作不当而出现不需要的动作，可选择该动作步骤，拖曳到下方的"删除"按钮█上删除。

04 右击文字图层，❶在弹出的菜单中选择"栅格化文字"选项，如下左图所示，将文字图层转换为普通像素图层，❷执行"滤镜>风格化>浮雕效果"菜单命令，在打开的对话框中设置选项，如下右图所示。

05 设置选项后，单击"确定"按钮，为文字添加浮雕效果，如下图所示。

06 在"图层"面板中将文字内容图层混合模式设置为"亮光",图层混合后可看到半透明的水印文字效果,如下图所示。

07 在"动作"面板中单击"停止播放/记录"按钮■,如下左图所示,完成动作的记录,如下右图所示。

08 执行"文件>自动>批处理"菜单命令,❶在打开的"批处理"对话框中选择动作组为"组1"、❷动作为"水印",❸然后单击"源"选项组下的"选择"按钮,如下左图所示,打开"浏览文件夹"对话框,❹从中选择需要处理的文件夹,如下右图所示。

09 选择源文件后,❶在"目标"下拉列表中选择"文件夹"选项,❷单击"选择"按钮,打开"浏览文件夹"对话框,❸选择批处理后图像的存储位置,如下图所示,❹然后单击"确定"按钮。

10 返回"批处理"对话框,在对话框中设置批处理后的文件存储名称和格式,如下图所示,单击"确定"按钮,开始批处理文件。

11 完成批处理后,在计算机中打开存储批处理图像的文件夹,即可预览到各图像上添加的半透明水印效果,如下图所示。

第13章　数码暗房实战

数码照片后期处理是 Photoshop CC 最重要的应用领域之一。使用 Photoshop CC 处理数码照片，不仅可以修复照片中的各种瑕疵，弥补摄影水平不足或拍摄条件有限带来的缺憾，而且能对照片进行艺术化的二次创作，得到更加精美的数字艺术作品。

13.1 打造逶迤连绵的沙漠风光

拍摄沙漠风光时，经常会突出展示沙漠中的沙脊，当具有方向性的光线照射在它的表面上时，会形成明显的明暗对比，形成极具视觉冲击力的画面。下面的沙漠风光照片因为颜色饱和度不强，且层次感较弱，导致图像给人的感觉过于普通。在后期处理时，通过增强图像的颜色鲜艳度，使沙土、天空等区域的颜色变得鲜艳，并通过光影的修饰，重现阳光下金黄色的浩瀚沙漠美景。

 ◎ 原始文件：随书资源 \ 素材 \13\01.jpg

◎ 最终文件：随书资源 \ 源文件 \13\ 打造逶迤连绵的沙漠风光 .psd

01 打开素材文件 01.jpg，按下快捷键 Ctrl++，放大图像，可以看到天空中有一些瑕疵。为了让图像变得更干净，选用"污点修复画笔工具"在瑕疵处单击，修复图像，如右图所示。

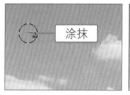

涂抹

02 为突出沙土的质感，选择"快速选择工具"，单击选项栏中的"添加到选区"按钮，将鼠标指针移至图像下方的沙漠位置连续单击，将其添加到选区，并羽化处理，如下图所示。

03 这里需要突出沙漠的黄沙质感，因此可以使用滤镜对图像加以锐化。按下快捷键Ctrl+J，复制选区内的图像，得到"图层1"图层。在"图层"面板中选中"图层1"，执行"滤镜>锐化>USM锐化"菜单命令，在打开的"USM锐化"对话框中设置"数量"为88、"半径"为1.7，如下图所示。此参数不能设置得过大，否则会形成不自然的光晕。

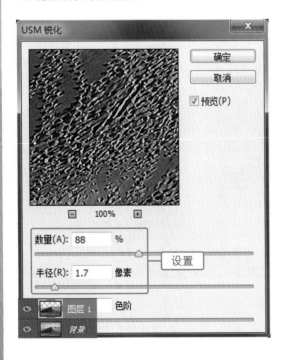

技巧提示 **缩放以查看锐化效果**

在"USM锐化"对话框中，单击缩览图下方的 ─ 和 ＋ 按钮，可以对图像进行缩放和放大显示，查看锐化后的效果。

04 观察锐化后的图像，发现其色彩相对较暗淡，图像缺乏视觉冲击力。为了让其色彩更加漂亮，单击"调整"面板中的"色相/饱和度"按钮，新建"色相/饱和度1"调整图层，❶在打开的"属性"面板中设置"饱和度"为+49，快速提高颜色鲜艳度。在调整全图颜色后，接下来要对单个颜色加以修饰，由于素材图像中的颜色主要为红色、黄色和蓝色，所以这里只需对这几种颜色加以调整。❷先选择"红色"选项，❸设置"色相"为+1、"饱和度"为+24，增强红色饱和度；❹选择"黄色"选项，❺设置"色相"为-5、"饱和度"为+29，增强黄色饱和度；❻选择"蓝色"选项，❼设置"饱和度"为+42，使天空变得更蓝，如下图所示。

05 调整图像的色彩饱和度后，发现沙漠左侧的暗部区域出现了不自然的色块。单击"色相/饱和度1"图层蒙版，选择"画笔工具"，设置前景色为黑色，在该区域涂抹，还原图像色彩，去除明显的色块，如下图所示。

06 单击"调整"面板中的"自然饱和度"按钮▽，新建"自然饱和度1"调整图层。❶在打开的"属性"面板中向右拖曳"自然饱和度"至+100位置。设置后图像颜色变得鲜艳一些，但是还不能令人满意，❷所以再稍微向右拖曳"饱和度"滑块至+10位置。经过调整后，图像颜色变得更加鲜艳了，但是在背光的沙漠区域同样出现了色块，❸因此选用黑色画笔在沙漠中的暗部区域涂抹，还原该区域图像的颜色，如下图所示。

08 按下快捷键Shift+Ctrl+Alt+E，盖印图层，得到"图层3"图层。执行"选择＞色彩范围"菜单命令，打开"色彩范围"对话框，单击"选择"下三角按钮，❶选择"阴影"选项，单击"确定"按钮，创建选区。❷按下快捷键Ctrl+J，复制阴影部分图像，得到"图层4"图层，如下图所示。

09 选中"图层4"图层，❶设置图层混合模式为"柔光"，混合图像。此时图像的对比太强，❷所以降低"不透明度"为40%；并为"图层4"图层添加图层蒙版，选择"画笔工具"，设置前景色为黑色，❸并设置画笔"不透明度"为40%，❹运用黑色画笔在较暗的沙漠图像位置涂抹，隐藏图像，如下图所示。

07 按下快捷键Shift+Ctrl+Alt+E，盖印图层，得到"图层2"图层。新建"色阶1"调整图层，打开"属性"面板。在上一步中对照片的颜色进行了调整，但是因为对比不强，给人感觉偏黄。❶向右拖曳代表阴影和中间调的黑色和灰色滑块，压暗阴影和中间调部分；再向左拖曳代表高光部分的白色滑块，使高光部分变得更亮。经过处理后，图像对比变得更强，但是天空中的云朵有些曝光过度。单击"色阶1"图层蒙版，❷用黑色画笔在较亮的云层位置涂抹，还原图像的明亮度，如下图所示。

10 接下来对天空部分进行调整。处理前需要先把天空部分选取出来，在"图层"面板中选中"背景"图层，按住 Ctrl 键不放，❶单击"图层 1"图层缩览图，载入选区，执行"选择 > 反选"菜单命令，即选中除沙漠外的天空区域。❷选中"图层 3"图层，按下快捷键 Ctrl+J，复制选区内的图像，得到"图层 5"图层，将此图层移至最上方，如下图所示。

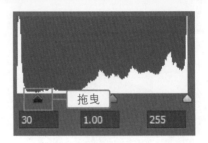

11 观察复制的天空图像，可以看到因为前面的操作，在天空部分出现了较多噪点。执行"滤镜 > 杂色 > 减少杂色"菜单命令，打开"减少杂色"对话框。在对话框中设置"强度"为 10、"保留细节"为 40%、"减少杂色"为 28%、"锐化细节"为 15%，对照片进行数码降噪。设置后单击"确定"按钮，此时可以看到天空部分变得更为整洁、干净，如下图所示。

13 按住 Ctrl 键不放，单击"图层 5"图层，载入选区，执行"选择 > 反选"菜单命令，反选选区。❶在图像最上方新建"亮度 / 对比度 1"调整图层，因为天空部分偏亮，所以稍微向左拖曳"亮度"滑块，降低图像的亮度，再将"对比度"滑块向右拖曳，增强对比效果。经过设置后，发现沙漠左侧的背光区域太黑，已经没有层次了。❷单击"亮度 / 对比度 1"图层蒙版，使用黑色画笔在该区域涂抹，还原其亮度，如下图所示。

12 去除天空部分的噪点后，接下来需要调整图像的亮度。按住 Ctrl 键不放，单击"图层 5"图层，载入天空选区。新建"色阶 2"调整图层，打开"属性"面板。由于天空部分的中间调和亮调区域已经很亮了，所以不需要再做调整，只需在"属性"面板中向右拖曳黑色滑块，压暗阴影部分，如下图所示。

14 查看调整后的图像，感觉沙漠部分的颜色太过鲜艳。按住 Ctrl 键不放，单击"图层 1"图层，载入沙漠选区，在图层最上方新建"色彩平衡 1"调整图层，打开"属性"面板。因为调整后图像的红、黄色调太强了，所以将"青色 - 红色"滑块向青色方向拖曳，削弱红色，将"黄色 - 蓝色"滑块向蓝色方向拖曳，削弱黄色，如下图所示。

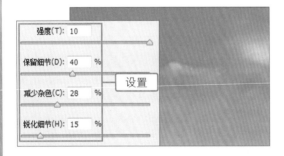

13.2 打造宁静祥和的日出美景

　　清晨是生命开始的时刻，而美丽的日出能带给人一种生机勃勃的感受。下面这张照片是在湖边拍摄的日出，因为没有把握好时机，拍摄时阳光已经较强，拍出的图像偏暗，日出的氛围不很强。在后期处理时，通过调整并填充颜色等方式，对湖面上的光线进行刻画，与蔚蓝的天空相互呼应，使画面更加深远宽广。

 ◎ 原始文件：随书资源 \ 素材 \13\02.jpg

◎ 最终文件：随书资源 \ 源文件 \13\ 打造宁静祥和的日出风光 .psd

01 　打开素材文件02.jpg，按下快捷键Ctrl++，将照片放大显示，可看到天空出现了一些明显的镜头污点。复制"背景"图层，得到"背景 拷贝"图层。再按下快捷键Shift+Ctrl+Alt+E，盖印图层，生成"图层1"图层，单击工具箱中的"污点修复画笔工具"按钮，将鼠标指针移至天空中的污点位置并单击，去除污点，还原干净的画面效果，如右图所示。

涂抹

02 　执行"滤镜> Camera Raw 滤镜"菜单命令，打开 Camera Raw 对话框，单击"细节"按钮，切换到"细节"选项卡。❶将"明亮度"滑块向右拖曳至50位置噪点消失，单击"确定"按钮，应用滤镜效果。此时图像下方的湖面部分锐度降低了。❷添加图层蒙版并填充黑色，调整滤镜应用范围显示下方清晰的图像，如下图所示。

03 新建"色阶 1"调整图层，为了营造更强烈的日出氛围，在"属性"面板中将黑色滑块向右拖曳，使阴影部分变得更暗。设置后感觉图像还是太亮，所以再把灰色滑块也向右拖曳，让中间调部分也变得更暗，如下图所示。

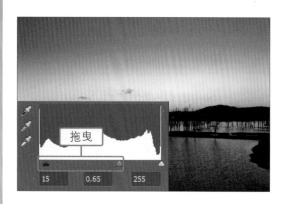

04 选择"矩形选框工具"，①在图像中间位置单击并拖曳鼠标，绘制一个矩形选区。执行"选择>修改>羽化"菜单命令，打开"羽化选区"对话框。②在对话框中设置"羽化半径"为 150 像素，③单击"确定"按钮，羽化选区，如下图所示。

05 新建"曲线 1"调整图层，打开"属性"面板，在曲线中间位置单击，添加一个曲线控制点，然后向下拖曳该曲线控制点，可看到选区中的图像变暗了且色彩也更加鲜艳，如下图所示。

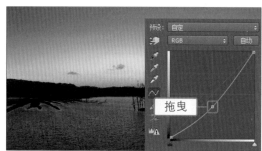

06 观察图像，发现其天空部分的颜色有些偏青，需要增加蓝色，让天空变得更蓝。单击"图层"面板中的"创建新的填充或调整图层"按钮，在打开的菜单中执行"渐变"命令，打开"渐变填充"对话框。①在对话框中单击"渐变"选项右侧的渐变条，打开"渐变编辑器"对话框。这里需要设置从天空位置向下延伸的渐变效果，②因此单击"前景色到透明渐变"，③然后单击左侧的色标，设置颜色为蓝色，单击"确定"按钮，返回"渐变填充"对话框。这时从图像窗口中会看到是从图像底部向上填充蓝色到透明的渐变，而这里需要在天空部分填充渐变，④所以勾选"反向"复选框，反向填充渐变颜色，如下图所示。

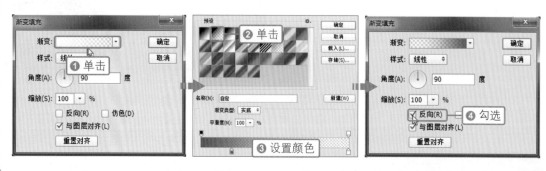

07 设置好渐变颜色后，单击"渐变填充"对话框中的"确定"按钮，在"图层"面板中会创建"渐变填充 1"图层，应用设置的渐变颜色完成渐变效果的填充设置，如下图所示。

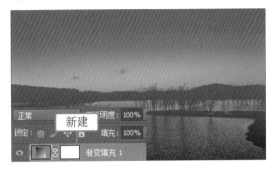

08 选中"渐变填充 1"图层，设置图层混合模式为"柔光"。设置后看到填充的颜色与下方的图层真正地融合在一起，使天空颜色更加出色，如下图所示。

09 在"图层"面板中选中"渐变填充 1"调整图层，执行"图层>复制图层"菜单命令，或按下快捷键 Ctrl+J，复制图层，创建"渐变填充 1 拷贝"图层。在图像窗口中可以看到，在图层上方复制渐变填充图层后，天空部分的颜色变得更深了，如下图所示。

10 由于复制渐变填充颜色主要是用来调整湖面的颜色，所以需要再调整渐变填充的范围。❶双击"图层"面板中的"渐变填充 1 拷贝"图层缩览图，打开"渐变填充"对话框。这里需要将渐变颜色从下往上填充，❷所以取消勾选"渐变填充"对话框中的"反向"复选框，取消反向，其他参数保持不变，单击"确定"按钮，返回图像窗口。此时可以看到填充的渐变颜色被重新应用到画面的下半部分，画面中天空与湖面的颜色更为一致，画面更加和谐，如下图所示。

11 完成图像顶部与底部的颜色设置后，接下来对中间部分的颜色进行调整。按住 Ctrl 键不放，单击"曲线 1"图层蒙版缩览图，载入选区，再次选中中间部分的图像，如下图所示。

12 ❶单击"调整"面板中的"色彩平衡"按钮，新建"色彩平衡 1"调整图层，打开"属性"面板。❷在面板中会选中"中间调"选项，❸将"青色 - 红色"滑块向青色方向拖曳，将"黄色 - 蓝色"滑块向黄色方向拖曳，分别设置为 -11、-19，向中间调部分增加青色和黄色，减少红色和蓝色，如下图所示。

15 按下快捷键 Shift+Ctrl+Alt+E，盖印图层。执行"滤镜> Camera Raw 滤镜"菜单命令，打开 Camera Raw 对话框。要让画面的视觉效果更集中，需要在图像边缘添加晕影。❶单击"镜头校正"按钮，切换至"镜头校正"选项卡，在选项卡下方显示了"镜头晕影"选项组。❷这里设置"数量"为 -60，降低图像边缘部分亮度；❸设置"中点"为 7，使添加的晕影范围更柔和，单击"确定"按钮，应用滤镜效果，如下图所示。

13 ❶选择"阴影"选项，为了让阴影区域与两侧图像的颜色更和谐，❷将"青色 - 红色"滑块向青色方向拖曳至 -11 位置，增加青色，将"黄色 - 蓝色"滑块向蓝色方向拖曳至 +3 位置，增加蓝色；❸再选择"高光"选项，❹将"青色 - 红色"滑块向青色方向拖曳至 -1 位置，将"黄色 - 蓝色"滑块向黄色方向拖曳至 -3 位置，加深高光部分的青色和黄色，如下图所示。

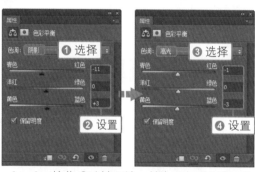

14 按住 Ctrl 键不放，单击"色彩平衡 1"图层蒙版缩览图，载入选区。单击"调整"面板中的"可选颜色"按钮，新建"选取颜色 1"调整图层。❶在"属性"面板中选择"黄色"，❷拖曳下方的选项滑块，调整油墨比，❸选择"红色"作为主色，❹拖曳下方的选项滑块，调整油墨比值，增强霞光颜色，如下图所示。

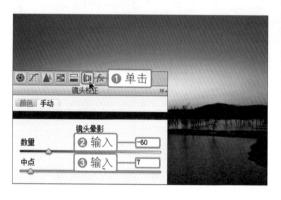

16 为了让照片的效果更加完整，使用"横排文字工具"在图像右下角输入文字信息，如下图所示。

技巧提示 "镜头晕影"选项

　　在"镜头晕影"选项组下，向左拖曳"数量"滑块，照片角落会变亮，向右拖曳"数量"滑块，照片角落会变暗；"中点"选项用于控制晕影影响的范围，向左拖曳可将数量调整应用于远离中心的较大区域，向右拖曳可将调整限制为靠近角落的区域。

13.3 制作艺术写真

目前流行的写真照片，不仅需要对五官、妆面进行处理，还需要添加一些个性化的元素来定义照片的风格，使照片更具有吸引力。本实例将花朵、水墨等素材添加到已处理好的人像照片中，再通过调整图像颜色，打造出古典水墨风格的艺术写真效果。

扫码看视频

◎ 原始文件：随书资源 \ 素材 \13\03.psd、04.jpg ～ 06.jpg

◎ 最终文件：随书资源 \ 源文件 \13\ 制作艺术写真 .psd

01 打开素材文件 03.psd、04.jpg，将菊花素材图像复制到人物图像底部，此处只需使用图像中的花朵部分，所以要把多余的背景隐藏起来。用"磁性套索工具"来进行图像的抠取，使用该工具沿菊花图像边缘单击并拖曳鼠标，创建选区，如下图所示。

02 为了让抠取出来的花朵边缘更干净，再对选区进行适当的调节，执行"选择 > 修改 > 收缩"菜单命令，打开"收缩选区"对话框，❶在对话框中把"收缩量"设置为 2 像素，❷单击"确定"按钮，将选区向内收缩 2 像素，如下图所示。

03 此处要看选区以外的图像隐藏，要确保"图层 6"中的花朵为选中状态，单击"图层"面板中的"添加图层蒙版"按钮▣，即将除选区中的花朵以外的其他图像隐藏，如下图所示。

04 双击"图层 6"图层缩览图，打开"图层样式"对话框，在对话框中分别对"内发光"和"外发光"样式进行设置，为花朵添加与衣服颜色相近的发光颜色，如下图所示。

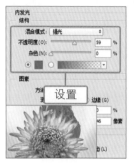

05 载入花朵选区，新建"色彩平衡 2"调整图层，打开"属性"面板，将"青色 - 红色"滑块向"红色"方向拖曳，加深红色，将"洋红 - 绿色"滑块向"绿色"方向拖曳，加深绿色，将"黄色 - 蓝色"滑块向"蓝色"方向拖曳，加深蓝色，如下图所示。

06 创建"色相 / 饱和度 2"调整图层，打开"属性"面板，❶在面板中选择"红色"，❷将"色相"滑块向左拖曳，使红色的花朵部分颜色与人物衣服颜色更接近，❸然后选择"黄色"，采用同样的方法，❹拖曳"色相"和"饱和度"滑块，调整黄色的花朵部分，经过设置花朵颜色也变为红色，如下图所示。

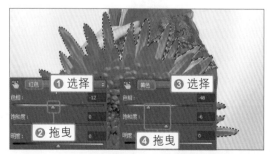

07 打开水墨晕染素材图像 05.jpg，复制到人像照片左侧,将素材图像叠于照片上，❶所以将图层混合模式更加改为"线性加深"，此时看到一部分水墨纹理被叠加到主体人物上面，❷再为"图层 7"添加图层蒙版，用黑色画笔在人物图像上涂抹，把多余的水墨图像隐藏，如下图所示。

08 按下快捷键 Ctrl+J，复制"图层 7"图层，创建"图层 7 拷贝"图层，适当调整水墨图像的位置，再单击"图层 7 拷贝"图层蒙版，将前景色设置为白色，把背景上要显示的水墨图像重新显示出来，然后再将前景色设置为黑色，把人物上面不需要显示的水墨图案隐藏，如下图所示。

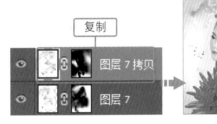

09 选择"矩形选框工具"，在画面中间单击并拖曳鼠标，创建柔和的矩形选区，创建选区后，执行"选择 > 反选"菜单命令，反选选区，选择图像的边缘区域，如下图所示。

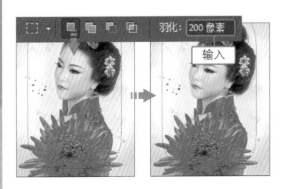

10 新建"色相 / 饱和度 3"调整图层，打开"属性"面板，调整图像的亮度，可以通过拖曳明度滑块来调节，❶所以将"明度"滑块向右拖曳至最大值，❷然后选用黑色的画笔在不需要提亮的上半部分涂抹，还原其亮度，如下图所示。

11 再观察细节，图像中上半部分叠加的水墨素材图像颜色较淡，创建"色相 / 饱和度 4"调整图层，打开"属性"面板，❶将"饱和度"滑块向右拖曳，增强颜色饱和度，这里只对背景颜色加以提升，❷因此用黑色的画笔在人物区域涂抹，还原主体颜色，如下图所示。

12 打开桃花素材 06.jpg，将打开的桃花拖曳至图像右上角位置，此时添加到画面中的花朵图像会遮挡住下面的人物图像，❶所以选择桃花所在的"图层 8"图层，这里要将花朵叠加于画面中，由于原素材中花朵旁边背景颜色接近于白色，❷因此将混合模式设置为"变暗"，隐藏亮部背景，混合图像，如下图所示。

13 单击"图层 8"图层前的"指示图层可见性"按钮，将该图层中的桃花隐藏，选择"磁性套索工具"沿人物边缘单击并拖曳鼠标，创建选区，然后执行"选择 > 反选"菜单命令，反选选区，如下图所示。

14 单击"图层 8"图层前的"指示图层可见性"按钮，显示隐藏的图层，单击"图层"面板中的"添加图层蒙版"按钮，可看到显示在人物图像上的树枝及花朵被隐藏，使桃花成为背景装饰，如下图所示。

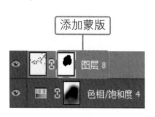

15 ❶绘制前先载入"墨点"笔刷，新建"图层 9"和"图层 10"图层，运用载入的墨点笔刷在图像右上角单击，绘制出新的墨点效果，绘制后的墨点是悬浮与图像上的，❷所以再通过调整图层混合模式使其融于背景中，如下图所示。

16 调整图像色调，使照片风格统一，创建"曲线 3"调整图层，打开"属性"面板，❶选择"蓝"选项，❷拖曳蓝通道中的曲线，使图像颜色变为粉色调，❸再选择 RGB 选项，❹运用鼠标拖曳曲线，降低图像的亮度，如下图所示。

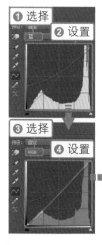

17 创建"色彩平衡 3"调整图层，打开"属性"面板，❶将"青色 - 红色"滑块向"青色"方向拖曳，将"黄色 - 蓝色"滑块向"蓝色"方向拖曳，❷再选择"高光"色调，❸将"青色 - 红色"滑块向"青色"方向拖曳，将"黄色 - 蓝色"滑块向"蓝色"方向拖曳，最后在照片右下方添加文字完善效果，如下图所示。

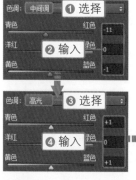

13.4 制作唯美浪漫的婚纱写真

扫码看视频

婚纱照是美好婚姻的见证，如今的新人们拍摄婚纱照则更注重将自己与爱人幸福、甜蜜的瞬间记录下来作为纪念。本实例将把室外拍摄的婚纱照片打造成唯美浪漫的婚纱写真效果。先运用 Photoshop 中的调整命令调整照片的颜色，增强浪漫氛围，然后为照片添加装饰图案和文字，创建更具艺术性的画面效果。

◎ 原始文件：随书资源 \ 素材 \13\10.jpg

◎ 最终文件：随书资源 \ 源文件 \13\ 制作唯美浪漫的婚纱写真 .psd

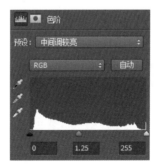

01 打开 "10.jpg" 文件，新建 "色阶 1" 调整图层，打开 "属性" 面板，在面板中设置色阶选项，在图像窗口中查看调整后的照片颜色，如右图所示。

02 单击"调整"面板中的"可选颜色"按钮，如下左图所示，新建"选取颜色1"调整图层。

03 打开"属性"面板，在面板中设置"红色"颜色百分比，如下右图所示。

 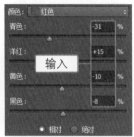

04 单击"颜色"下三角按钮，❶在展开的列表中选择"黄色"选项，❷调整该颜色的油墨比值，如下左图所示。

05 设置完成后，应用设置的"可选颜色"选项，调整照片颜色，得到如下右图所示的效果。

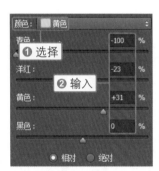 

06 新建"曲线1"调整图层，打开"属性"面板，❶选择"蓝"通道，❷调整曲线，如下左图所示。

07 ❶选择RGB通道，❷单击并拖动曲线，调整曲线形状，如下右图所示。

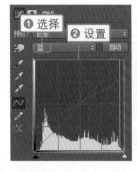 

08 应用设置的"曲线"调整，更改照片的颜色，如下左图所示。

09 单击"曲线1"图层蒙版，设置前景色为黑色，选择"画笔工具"，在"画笔预设"选取器中选择"柔边圆"画笔，❶调整不透明度，❷在较亮的面部涂抹，还原颜色，如下右图所示。

10 创建"色彩平衡1"调整图层，打开"属性"面板并设置参数，如下左图所示。

11 单击"色调"下三角按钮，❶选择"阴影"选项，❷设置各项参数，如下右图所示。

12 返回图像窗口，查看平衡照片色彩的效果，如下左图所示。

13 单击"色彩平衡1"图层蒙版，选择"画笔工具"，在"画笔预设"选取器中选择"柔边圆"画笔，调整不透明度，在较亮的面部皮肤位置涂抹，还原颜色，如下右图所示。

14 新建"颜色填充 1"调整图层，打开"拾色器（纯色）"对话框，❶设置填充颜色为 R241、G232、B232，❷单击"确定"按钮。在"图层"面板中选中"颜色填充 1"调整图层，❸设置图层的混合模式为"柔光"，如下图所示。

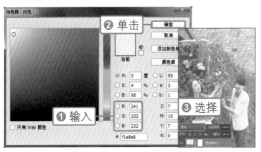

15 单击"颜色填充 1"图层蒙版，选择"渐变工具"，在选项栏的"渐变"选取器中选择"黑，白渐变"，从图像左下角往右上角拖动鼠标，释放鼠标后填充渐变，得到如下图所示的图像效果。

16 按住 Ctrl 键，单击"颜色填充 1"图层蒙版，载入选区，如下左图所示。

17 创建"曲线 2"调整图层，打开"属性"面板，单击并向上拖动曲线，提亮图像，如下右图所示。

18 ❶按快捷键 Shift+Ctrl+Alt+E，盖印图层，得到"图层 1"图层，设置背景颜色为 R239、G239、B239，❷选择"裁剪工具"，裁剪图像，扩展画布效果，如下图所示。

19 单击"前景色"色块，❶打开"拾色器（前景色）"对话框，设置前景色为 R255、G255、B235。创建新图层，选择"油漆桶工具"，❷将鼠标移至图像上方，单击鼠标，填充颜色，如下图所示。

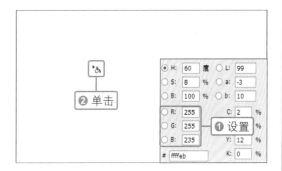

20 选择"矩形选框工具"，在画面右侧单击并拖动鼠标，绘制矩形选区。创建新图层，设置前景色为 R252、G252、B234，选择"油漆桶工具"，将鼠标移至选区上方，单击鼠标，填充颜色，如下图所示。

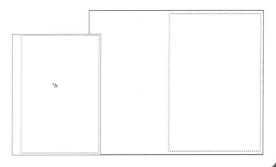

21 双击图层打开"图层样式"对话框并设置"描边"选项，如下左图所示。

22 设置完成后单击"确定"按钮，应用样式，得到如下右图所示的效果。

23 取消选区，将"图层1"移到最上层，按快捷键Ctrl+T打开变换编辑框，缩小图像，并将其置于矩形内部，如下左图所示。

24 按快捷键Ctrl+J，复制"图层1"，得到"图层1拷贝"图层，执行"滤镜>模糊>高斯模糊"菜单命令，在对话框中设置"半径"为10，如下右图所示，单击"确定"按钮。

25 为"图层1拷贝"图层添加图层蒙版，选用"渐变工具"，按住Ctrl键单击"图层1拷贝"缩览图，载入选区，再单击图层蒙版缩览图，应用"渐变工具"编辑图层蒙版，完成后取消选区，调整图层混合模式和不透明度，如下左图所示，设置后的效果如下右图所示。

26 同时选中"图层1"和"图层1拷贝"图层，❶按快捷键Ctrl+Alt+E，盖印选中图层，得到"图层1拷贝（合并）"图层，如下左图所示，❷调整图层顺序，将其移至"图层1"下方，如下右图所示。

27 用"移动工具"将"图层1拷贝"图层中的图像移至画面左侧，再为该图层添加图层蒙版，❶用黑色画笔编辑蒙版，隐藏部分画面，❷设置该图层的"不透明度"为44%，如下图所示。

28 创建"颜色填充2"调整图层，设置填充色为粉色，然后将蒙版填充为黑色，选择"画笔工具"，设置前景色为白色，用画笔涂抹，显示部分填充颜色，如下图所示。

29 选择"画笔工具"，载入"花朵"画笔，打开"画笔预设"选取器，选中花朵画笔，如下左图所示。

30 执行"窗口 > 画笔"菜单命令，打开"画笔"面板，在面板中调整画笔笔尖的大小、绘制角度，如下右图所示。

31 创建新图层，设置前景色为绿色、画笔"不透明度"为40%，在图像上单击，绘制淡淡的花纹图案，如下图所示。

32 继续使用同样的方法在图像中绘制更多的花朵图像，得到如下图所示的图像效果。

33 选择"横排文字工具"，打开"字符"面板，设置文字属性，如下左图所示。

34 在绘制的花朵图像上单击，输入文字，得到如下右图所示的效果。

35 选择"自定形状工具"，在选项栏中设置各项参数，如下图所示。

36 继续在选项栏中设置选项，单击"形状"右侧的下三角按钮，在展开的"形状"选取器中单击"四叶草"形状，如下左图所示。

37 将鼠标移至文字左下角位置，单击并拖动鼠标，绘制图形，如下右图所示。

38 结合横排文字工具和"字符"面板在画面中添加更多的文字信息，如下图所示。至此，已完成本实例的制作。

13.5 制作个性影集

　　本实例将学习使用"剪贴蒙版"把为小宝宝拍摄的写真照片拼合成一个风格非常清新的儿童写真集影集效果。在具体的处理过程中，使用"矩形工具"在画面中绘制矩形，然后把小宝宝的照片复制到处理好的矩形上方，通过创建剪贴蒙版的方式将多余的部分隐藏。

扫码看视频

 ◎ 原始文件：书资源 \ 素材 \13\08.jpg、09.psd、10.jpg ～ 13.jpg

　　　　　◎ 最终文件：随书资源 \ 源文件 \13\ 制作个性影集 .jpg

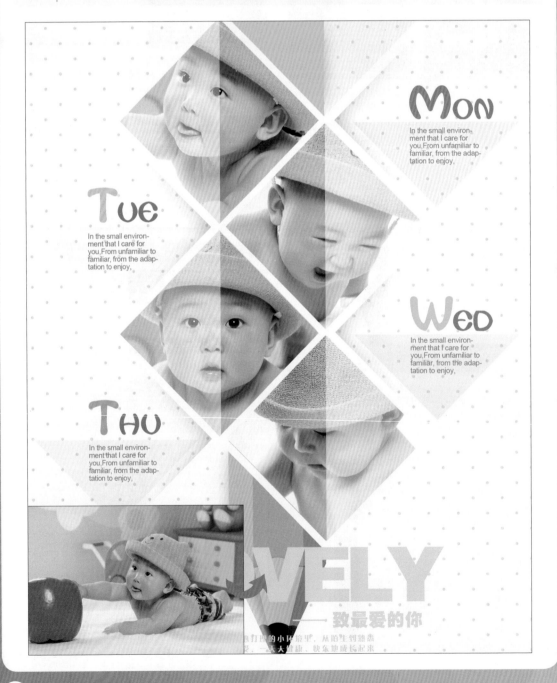

01 打开素材文件 08.jpg、09.psd 矢量铅笔，将打开的铅笔素材图像用"移动工具"拖曳至背景图像中间位置，按下快捷键 Ctrl+T，调整图像大小，使其与整个版面更协调，如下图所示。

02 接下来添加照片并确定照片的大小和位置，设置前景色为白色，选择"矩形工具"，在画面中绘制一个白色正方形，绘制时按下 Shift 键单击并拖曳，如下图所示。

03 绘制的图形角度与背景中彩色矩形的角度不是很统一，因此按下快捷键 Ctrl+T，打开变换编辑框，将鼠标移到白色正方形边角位置，单击并拖曳鼠标，旋转图形，此处在选项栏中输入"旋转角度"为 -45，如下图所示。

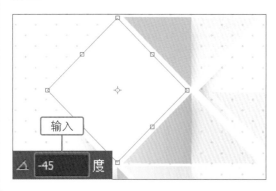

04 打开素材文件 10.jpg，要将这张照片添加到影集中，选择"移动工具"，将打开的小宝宝图像拖曳至前面绘制好的白色正方形上，复制图像效果，再使用"自由变换"命令对照片的大小加以调节，使调整后的图像更符合整个版面的需要，如下图所示。

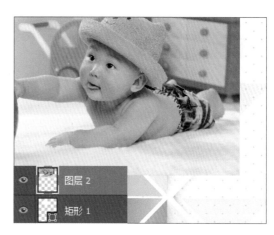

05 此处需要将添加的小宝宝图像置入到白色矩形中，所以执行"图层 > 创建剪贴蒙版"菜单命令，创建剪贴蒙版效果，此时超出白色正方形的部分图像即被隐藏，如下图所示。

06 制作影集效果，会在画面中添加多张照片，因此要再对版面中要添加照片的位置进行确认，选择"矩形 1"图层，连续按下快捷键 Ctrl+J，复制矩形，然后分别选择复制的图层中的矩形，调整它们的位置，为了使版面显得更灵活，将矩形以左、右错排的方式安排，如下图所示。

09 为了让画面更加精美，选择"矩形1"、"矩形1拷贝"、"矩形1拷贝2"和"矩形1拷贝3"图层，❶复制图层，得到"矩形1拷贝4"、"矩形1拷贝5"、"矩形1拷贝6"和"矩形1拷贝7"图层，❷将复制的矩形合成为一个"矩形1拷贝7"图层，位于矩形下方的照片部分会被遮挡，❸所以再把"不透明度"调为50%，显示下方的人物图像，如下图所示。

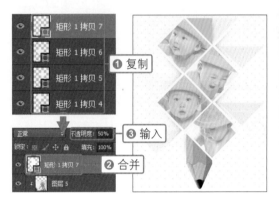

07 打开素材文件 11.jpg ～ 13.jpg，使用与步骤04相同的方法，把这些打开的照片复制到影集文件中，分别得到"图层3"、"图层4"和"图层5"图层，为了便于处理和观察图像效果，先单击"图层4"和"图层5"图层前的"指示图层可见性"按钮，将这两个图层隐藏，如下图所示。

10 经过上一步操作，虽然图形不透明度降低，但是给人感觉画面中要表现的主体人物不是很清楚，❶选择"矩形选框工具"，在小朋友图像上绘制选区，添加图层蒙版，把选区外矩形图案隐藏，❷新建"亮度/对比度1"调整图层，❸设置"亮度"为4、"对比度"为28，调整图像的亮度和对比度，添加上简单的文字说明信息，完成宝宝影集的制作，如下图所示。

08 确保"图层3"图层为选中状态，这里需要将"图层3"中的小宝宝照片置入到下方的正方形内部，所以执行"图层 > 创建剪贴蒙版"菜单命令，创建剪贴蒙版，拼合图像并隐藏正方形以外多余的图像，然后通过应用相同的方法，处理另外两个图层中的小宝宝照片，拼合图像效果，如下图所示。

第14章　网店美工实战

对网店店主来说，为了让自家店铺的商品在众多竞争对手中脱颖而出，吸引顾客点击浏览并下单购买，就必须在网店的美工设计上下功夫。本章将以实例的形式讲解网店装修中几大核心区域的设计，包括主图与直通车广告图、店招、欢迎模块、分类导航、商品细节描述等。

14.1　商品主图与直通车广告图设计

本案例是为某品牌毛衣所设计的商品主图与直通车广告图。设计过程中考虑到毛衣的颜色风格，在背景的处理上，通过多种色彩的图形组合搭配来突显毛衣的色彩特征，同时利用有效的文字说明来表现衣服的价格优势，使其更容易引起观者的注意。

扫码看视频

◎ 原始文件：随书资源 \ 素材 \14\01.jpg

◎ 最终文件：随书资源 \ 源文件 \14\ 商品主图与直通车广告图设计 .psd

01 新建文件，为了迎合设计主题，❶将前景色设置为 R255、G95、B151，❷创建"图层 1"图层，按下快捷键 Alt+Delete，将背景填充为粉红色，如右图所示。

02 选择"多边形工具"，在选项栏中确定绘制模式为"形状"，填充颜色设置为 R225、G195、B98，由于要绘制三角形，所以将"边"设置为 3，然后在背景中间位置绘制三角形。执行"编辑 > 变换路径 > 垂直翻转"菜单命令，将绘制的图形翻转，并调整其大小和位置，如下图所示。

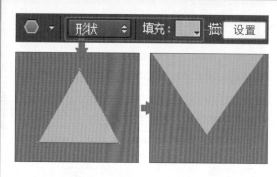

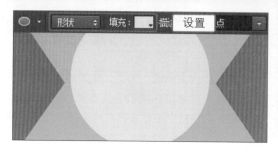

03 按下快捷键 Ctrl+J，复制"多边形 1"图层，创建"多边形 1 拷贝"图层。为了让绘制的图形形成对称的效果，执行"编辑 > 变换路径 > 垂直翻转"菜单命令，垂直翻转图形，并将其移至原三角形的下方。双击"多边形 1 拷贝"图层缩览图，在打开的对话框中将填充颜色设置为 R172、G255、B115，如下图所示。

06 经过前面的操作，完成了图像的布局，下面需要添加商品图像。打开素材文件"01.jpg"，将其中的人物图像复制到图像左侧，创建"图层 2"图层，如下图所示。

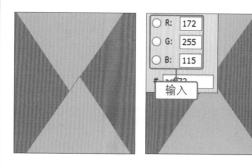

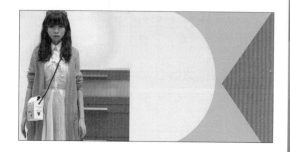

04 为了使背景显得更饱满，连续按下快捷键 Ctrl+J，再次复制两个多边形图形，并将其移至背景的另一侧位置。双击对应的图层缩览图，将图形颜色分别设置为 R172、G255、B115 和 R105、G249、B255，如下图所示。

07 对于添加到画面中的人物图像，需要将多余的背景隐藏起来。为了让选择的图像更加准确，选择"钢笔工具"，在选项栏中设置绘制模式为"路径"，沿人物图像边缘绘制路径，按下快捷键 Ctrl+Enter，将绘制的路径转换为选区。单击"图层"面板底部的"添加图层蒙版"按钮，添加图层蒙版，隐藏选区外的图像，如下图所示。

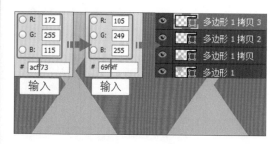

05 制作好背景后，需要确定广告文字的编排位置。选择"椭圆工具"，在选项栏中设置填充颜色为 R255、G249、B123，按住 Shift 键不放，在画面的中间位置单击并拖曳鼠标，绘制圆形，如下图所示。

08 将图像放大显示，发现人物边缘部分还有一些未处理干净的图像。按住 Ctrl 键不放，单击"图层 2"图层蒙版缩览图，载入人物选区。执行"选择 > 修改 > 收缩"菜单命令，打开"收缩选区"对话框。这里既要保留完整的人物图像，又要保证图像边缘是干净的，❶所以将"收缩量"设置为最小的1像素，❷单击"确定"按钮，收缩选区，如下图所示。

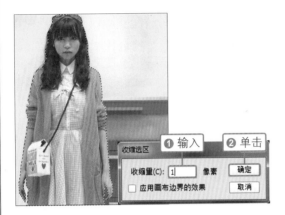

09 单击"图层2"图层蒙版缩览图，按下快捷键Shift+Ctrl+I，反选选区。设置前景色为黑色，按下快捷键Alt+Delete，将蒙版填充为黑色，得到更干净的边缘部分。观察图像，发现人物头发线条不够流畅。选择"画笔工具"，设置前景色为黑色，由于头发边缘较为整齐，因此在"画笔预设"选取器中单击"硬边圆"画笔，如下图所示。

10 将鼠标指针移至人物脸部左侧的头发位置单击，隐藏多余的头发图像。经过反复单击，使人物发型更精美，如下图所示。用同样方法继续修饰人物的外形轮廓线条。

11 双击"图层2"图层，打开"图层样式"对话框。单击"描边"样式，为图像添加描边效果。❶设置对话框中的描边颜色为白色；❷选择"位置"为"外部"，❸调整描边大小，单击"确定"按钮，应用描边效果，如下图所示。

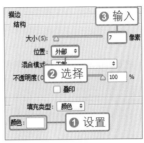 

12 观察添加到画面中的人物图像，感觉图像有点偏暗。按住Ctrl键不放，单击"图层2"图层蒙版缩览图，载入人像选区。新建"色阶1"调整图层，将灰色和白色滑块向左拖曳，使中间调和高光部分变得更亮。设置后人物面部皮肤显得太亮，所以再用黑色画笔在面部位置涂抹，降低图像亮度，如下图所示。

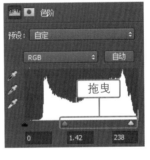 

13 按住Ctrl键不放，单击"图层2"和"色阶1"图层，按下快捷键Ctrl+Alt+E，盖印选中图层，创建"色阶1（合并）"图层。执行"编辑>变换>水平翻转"菜单命令，翻转图像，并使用"移动工具"将翻转的人物图像移至画面的另一侧，如下图所示。

14 要想让观者有更多的选择，可以将不同颜色的衣服表现出来。按住 Ctrl 键不放，单击"色阶 1（合并）"图层缩览图，载入选区。新建"色相／饱和度 1"调整图层，更改毛衣的颜色，由于衣服颜色原为青蓝色，❶在"属性"面板中选择"青色"选项，❷将"色相"滑块向右拖曳至粉红色位置，将青色转换为粉红色，❸再调整"饱和度"，提高颜色鲜艳度，如下图所示。

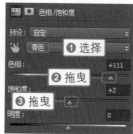

15 ❶选择"蓝色"选项，使用同样的方法，❷将"色相"滑块向右拖曳至 +101 位置，将颜色更改为粉红色，观察发现颜色太深了，❸再将"饱和度"滑块向左拖曳，设置参数值为 -16，降低颜色鲜艳度，如下图所示。

16 最后使用文字工具在画面中间位置输入文字。为了让文字更醒目，选择较粗的黑体字，然后在文字下方添加合适的图形，使版面变得更加完整，如下图所示。

14.2 | 店招设计

本实例是茶具用品店设计的店招，在设计时将商品的图像放置在画面的右侧，搭配清爽风格的背景，利用完整的图片显示来吸引顾客的注意。画面左侧通过文字的大小变化表现更有层次关系的画面。

扫码看视频

◎ 原始文件：随书资源 \ 素材 \14\02.jpg ～ 05.jpg

◎ 最终文件：随书资源 \ 源文件 \14\ 店招设计 .psd

01 启动 Photoshop 程序，执行"文件 > 新建"菜单命令，新建文件。由于实例需要表现整洁的画面效果，❶所以将前景色设置为 R241、G240、B219，❷新建"图层 1"图层，按下快捷键 Alt+Delete，将背景填充为较清爽的颜色，如下图所示。

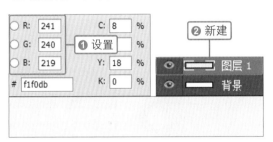

02 为了让背景显得更加精致，选择"移动工具"，把素材文件 02.jpg 复制到店招图像的左上角位置，得到"图层 2"图层，并设置图层混合模式为"正片叠底"。按下快捷键 Ctrl+T，打开变换编辑框，调整编辑框中的叶子大小，平衡画面布局，如下图所示。

03 添加叶子后，为了让叶子融入到背景中，需要将部分叶子隐藏起来。单击"图层"面板中的"添加图层蒙版"按钮，为"图层 2"图层添加图层蒙版。选择"画笔工具"，设置前景色为黑色，❶降低不透明度后，❷在叶子边缘涂抹，隐藏图像，如下图所示。

04 按下快捷键 Ctrl+J，复制图层，得到"图层 2 拷贝"图层，将复制的叶子向右拖曳至店招中间位置并垂直翻转图像。单击"图层 2 拷贝"图层蒙版，运用画笔工具调整叶子的显示范围，如下图所示。

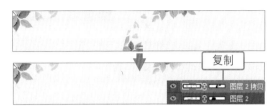

05 打开素材文件 03.jpg，将图像复制到两组叶子的中间位置，得到"图层 3"图层。为了让花朵与整个画面融为一体，单击"图层"面板中的"添加图层蒙版"按钮🔲，添加图层蒙版。选择"画笔工具"，设置前景色为黑色，涂抹菊花图像，将颜色较深的背景隐藏，保留部分花朵图像，如下图所示。

06 添加花朵后，发现花朵偏亮。选择"图层 3"图层，将此图层的"不透明度"设置为 66%，降低不透明度，这样画面的层次关系更加突出了，如下图所示。

07 完成店招背景的设计后，接下来就可以在画面中添加店铺中销售的商品了。❶执行"文件 > 打开为智能对象"，打开 04.jpg，将其复制到店招右侧。添加图层蒙版，选择"画笔工具"，❷单击"画笔预设"选取器中的"硬边圆"画笔，❸在茶具旁边的灰白色背景处涂抹，隐藏背景图像，如下图所示。

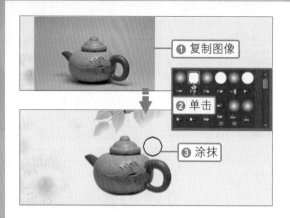

① 复制图像

② 单击

③ 涂抹

08 为了让店招中的商品更吸引人，可以对商品的色泽进行修饰。按住 Ctrl 键不放，单击"图层 4"图层蒙版，载入选区。新建"亮度/对比度 1"调整图层，打开"属性"面板，向右拖曳"亮度"和"对比度"滑块，提亮图像并增强对比。此时可看到选区中的茶具颜色变得更鲜艳了，如下图所示。

09 使用与步骤 07 相同的方法，打开另一个茶具素材 05.jpg，将其复制到店招文件中。①添加图层蒙版，隐藏背景，②再创建"亮度/对比度 2"调整图层，调整图像的亮度和对比度，得到更靓丽的茶具效果，如下图所示。

① 添加蒙版

② 设置

10 添加茶具后，图像是"浮"在背景中的，为了解决这一问题，可以为茶具添加投影效果。选择"椭圆工具"，①新建图层，在茶具下方单击并拖曳鼠标，绘制一个浓灰色的椭圆图形。执行"滤镜 > 模糊 > 高斯模糊"菜单命令，打开"高斯模糊"对话框，②在对话框中设置选项，模糊图像，如下图所示。

① 新建

② 输入

11 设置完成后单击"确定"按钮，返回图像窗口，查看模糊后的图像效果。如果一个茶具有投影而另一个没有，那么画面肯定会很不协调，所以按下快捷键 Ctrl+J，复制投影图层，然后用"移动工具"把复制的投影移到另一个茶具图像下，如下图所示。

复制

技巧提示 使用方向键调整图像位置

在 Photoshop CC 中想要移动图像的位置，除了可以使用"移动工具"之外，也可以通过键盘中的 ↑、↓、←、→方向键微调图像的位置。

12 仅在店招图像中添加商品还远远不够，为了使画面更完整，还需要加入店铺名称、关注信息及商品简介等。选择"横排文字工具"，打开"字符"面板，在面板中设置字体为较工整的黑体，调整大小后在画面左侧输入店铺名"吉洋洋家居官方旗舰店"，以便顾客一眼就能看到店名，如下图所示。

15 将前景色更改为白色，选择"自定形状工具"，单击"形状"右侧的下拉按钮，在展开的"形状"拾色器中单击"心形"，在红色的圆角矩形左边绘制一个心形图案，如下图所示。

13 使用"横排文字工具"在已输入的文字下方单击并输入店铺的英文名称，输入后打开"字符"面板，调整英文的大小，突出层次关系，如下图所示。

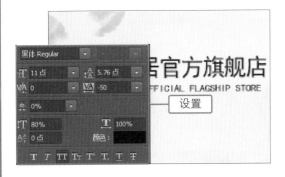

16 选择"横排文字工具"，打开"字符"面板，在面板中调整文字的字体、大小、颜色等属性，在矩形图案中输入关注信息。使用同样的方法在店招中添加更多的图形和文字，完成店招的制作，如下图所示。

14 为店铺添加关注图标。为了突出关注信息，设置前景色为R202、G33、B76，选择"圆角矩形工具"，❶在选项栏中设置绘制模式为"形状"，❷"半径"为20像素，在店铺名下绘制较圆润的矩形效果，如下图所示。

14.3 网店欢迎模块设计

本案例是天猫"双11"活动促销广告。设计中使用了较为鲜艳的色彩进行表现，并通过放射状的布局方式，将商品安排在画面的合适位置，这样的设计能够让观者体会到活动所营造出的喜庆氛围，进而提高页面点击率和浏览时间。

扫码看视频

 ◎ 原始文件：随书资源 \ 素材 \14\06.jpg、07.psd、08.jpg、09.psd、10.psd

◎ 最终文件：随书资源 \ 源文件 \14\ 网店欢迎模块设计 .psd

01 创建新文件，新建图层组。❶设置前景色为R218、G55、B144，❷创建"图层1"图层，按下快捷键Alt+Delete，运用设置的前景色填充图层，如下图所示。

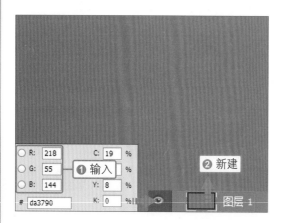

02 单击"矩形工具"按钮▣，在填充的背景上方单击并拖曳鼠标，绘制一个矩形图形。这里需要为图形填充渐变色，所以单击选项栏中"填充"选项右侧的下三角按钮，展开"填充"面板，❶在面板中先单击"渐变"按钮，❷然后分别单击下方渐变条上的色标，设置渐变颜色为R7、G0、B18和R144、G18、B82，❸将填充类型设置为"径向"，单击"反向渐变颜色"按钮▣，设置"缩放"为169，缩放填充色彩，如下图所示。

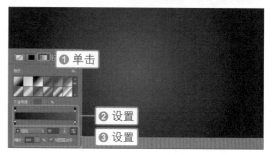

03 打开素材文件"06.jpg"，选择"移动工具"，将其中的夜景图像拖曳并复制到绘制好的渐变矩形上方，得到"图层2"图层。为了让复制的图像与下方渐变图形的颜色相融合，❶将其混合模式设置为"明度"，使当前图层的明亮度应用到下层图形的颜色中，❷再适当降低图层不透明度。❸单击"添加图层蒙版"按钮，添加图层蒙版，使用"渐变工具"编辑蒙版，隐藏图形四周的图像，如下图所示。

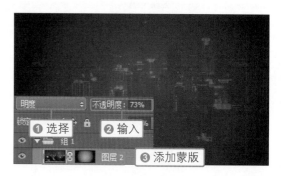

04 单击"钢笔工具"按钮,在制作好的背景图上方继续绘制不规则图形。绘制后在选项栏中打开"填充"面板,❶将填充颜色更改为R205、G23、B130和R237、G162、B192,并根据画面整体效果,❷将填充类型改为"线性",调整角度和缩放效果,如下图所示。

05 打开素材文件"07.psd",将其复制到上一步所绘制的图形上方。因为这里只需要显示图形上方添加的菱形图案,所以执行"图层 > 创建剪贴蒙版"菜单命令,创建剪贴蒙版。为了让添加的菱形图案与下方图形混合,❶选中"图层3"图层,❷将图层混合模式设置为"正片叠底",使当前图层中的像素与下层的图形混合,得到更暗的图像效果,如下图所示。

06 确保"图层3"图层为选中状态,单击"添加图层蒙版"按钮▣,添加图层蒙版。此处需要设置渐隐的图像效果,❶因此先在选项栏中选择"黑,白渐变",❷并将"不透明度"设置为60%,然后从图像顶部向中间位置拖曳渐变,隐藏部分菱形图案,创建更自然的渐变效果,如下图所示。

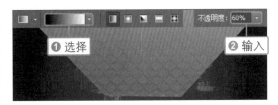

07 单击"创建新图层"按钮,新建"图层4"图层,按住Ctrl键不放,单击"形状1"图层缩览图,载入选区。❶设置前景色为R234、G160、B190,按下快捷键Alt+Delete,运用设置的前景色填充选区。再单击"渐变工具"按钮▣,❷选择"黑,白渐变",❸设置"不透明度"为60%,使用同样的方法,从图像上方向下拖曳线性渐变,得到渐隐的颜色填充效果,如下图所示。

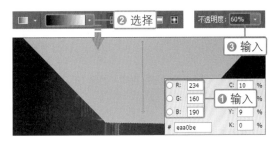

08 观察填充的图像,图像与下方颜色没有衔接起来。为了让图像实现更自然的混合,❶在"图层"面板中选中"图层4"图层,❷将图层混合模式设置为"柔光",用当前图层中的颜色使图像变亮,如下图所示。

09 单击"钢笔工具"按钮✍,在图像下方绘制图形。由于Photoshop会自动记忆上一步所设置的渐变颜色,所以绘制的矩形颜色与步骤04中绘制的矩形颜色相同,而此处需要创建不同颜色的图形,因此使用"直接选择工具"选中绘制的图形,在选项栏中单击"填充"右侧的下三角按钮,在展开的"填充"面板中重新设置填充颜色,如下图所示。

10 继续使用相同的方法，使用"钢笔工具"绘制更多的图形。绘制后选中最上方的紫色矩形，按下快捷键Ctrl+J，复制图形，创建"形状7拷贝"图层。这里需要更改图形颜色，双击"图层"面板中的图层缩览图，打开"拾色器（纯色）"对话框，❶在对话框中将颜色更改为R211、G9、B143，然后添加图层蒙版，❷运用画笔编辑蒙版，控制显示范围，创建渐变的图形，如下图所示。

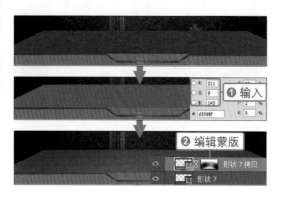

11 选择"钢笔工具"，单击选项栏中"填充"选项右侧的下三角按钮，❶在展开的面板中分别设置填充颜色为R15、G1、B27和R102、G9、B100。❷新建"台面"图层组，使用"钢笔工具"在上一步制作的图形上方绘制出不同颜色的图形，如下图所示。

12 单击选项栏中"填充"选项右侧的下三角按钮，在展开的面板中分别设置其填充颜色为R66、G5、B72和R62、G12、B71，继续使用"钢笔工具"进行台面的绘制，如下图所示。

13 设置前景色为R190、G26、B162，单击工具箱中的"矩形工具"按钮，在步骤11和步骤12所绘制的两个图形的中间绘制一个稍小的矩形。为了让绘制的矩形与下方两个图形拼合起来，单击"添加图层蒙版"按钮，添加图层蒙版，选择"渐变工具"，从矩形左侧向右侧拖曳黑白渐变，创建渐隐的图形效果，如下图所示。

14 经过前面3步的操作，完成了台面的绘制，接下来要制作发散的灯光。选择"椭圆工具"，在图形上方绘制一个白色的椭圆图形。为了让制作的光源更自然，双击图层缩览图，打开"图层样式"对话框。在对话框中单击"外发光"样式，由于椭圆颜色为白色，所以将发光颜色也设置为白色，根据图像整体效果，调整其他选项，单击"确定"按钮，应用外发光效果，如下图所示。

15 按下快捷键 Ctrl+J，复制图层，创建"椭圆 1 拷贝"图层。单击"移动工具"按钮，将复制的椭圆图形移至原图形右侧，得到并排的图形效果，如下图所示。

16 下面需要制作发散的光线。创建新图层，选择"椭圆选框工具"，在白色椭圆上方单击并拖曳鼠标，绘制椭圆形选区。设置前景色为白色，单击"渐变工具"按钮，❶在选项栏中选择"前景色到透明渐变"，将鼠标指针移至选区内，从下往上拖曳渐变，为选区填充渐变颜色。观察填充的渐变图案，发现边缘不够柔和，光线效果不是很理想。执行"滤镜 > 模糊 > 高斯模糊"菜单命令，打开"高斯模糊"对话框，❷在对话框中设置"半径"为 4.0 像素，单击"确定"按钮，模糊图像，如下图所示。

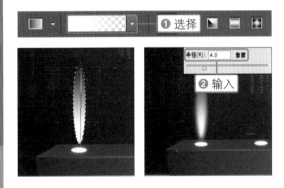

17 经过前面的操作，完成了左侧台面的绘制。按下快捷键 Ctrl+J，复制"台面"图层组，将其移至另一侧，并翻转图层组中的图像，创建对称的台面效果。再使用同样的方法，在画面中进行更多图形的绘制，如下图所示。

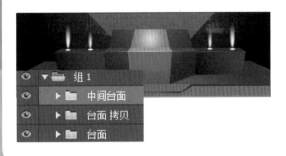

18 制作好背景后，接下来在图像中添加商品。将数码相机图像"08.jpg"置入到画面上方。由于只需要使用相机部分，因此单击"添加图层蒙版"按钮，添加图层蒙版，选择"画笔工具"，将前景色设置为黑色，在相机图像旁边的白色背景处涂抹，隐藏背景图像，如下图所示。

19 受拍摄环境影响，相机边缘看起来太亮了。双击"图层 7"图层，打开"图层样式"对话框。要让图像边缘变暗，而中间部分保持不变，可单击"内阴影"样式，为图像添加内阴影效果。根据相机边缘的亮度情况，❶将"不透明度"降为 61%，❷然后设置"角度"为 90°，❸"距离"为 3 像素，"大小"为 7 像素，设置后单击"确定"按钮。此时图像边缘虽然变暗了，但效果不是很理想，为了让图像与背景颜色更协调，❹将"图层 7"图层混合模式设置为"正片叠底"，"不透明度"设置为 64%，混合图像，使其变得更暗，如下图所示。

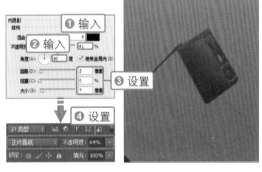

20 连续按下快捷键 Ctrl+J，复制多个相机图像，然后分别选中各图层中的数码相机图像，调整它们的大小和不透明度，创建错落的商品摆放效果，如下图所示。

复制

21 打开素材文件"09.psd"，将其中的文字复制到数码相机上方。打开"图层样式"对话框。单击"投影"样式，为文字添加投影，单击右侧的颜色块，❶设置投影颜色为黄色，然后返回"图层样式"对话框，❷继续设置投影选项，最后确认设置，完成投影的制作，如下图所示。

22 选择"横排文字工具"，在画面中输入文字"加入抢购"并添加投影。双击图层缩览图，打开"图层样式"对话框，适当调整投影选项，单击"确定"按钮。继续用同样方法，在画面中输入更多文字并设置相应样式。打开素材文件"10.psd"，将其中的天猫标志复制到相应的位置，完成本案例的制作，如下图所示。

14.4 商品分类导航设计

本实例是为某品牌家居店设计的商品分类导航，画面中通过错位排列的商品图像来表现不同类型的商品，利用具有代表性的照片让顾客一眼就知道点击后将会呈现哪种类别的商品，高图版率的版面设计让整个画面显得更大气、美观。

扫码看视频

◎ 原始文件：随书资源 \ 素材 \14\11.jpg ～ 17.jpg

◎ 最终文件：随书资源 \ 源文件 \14\ 商品分类导航设计 .psd

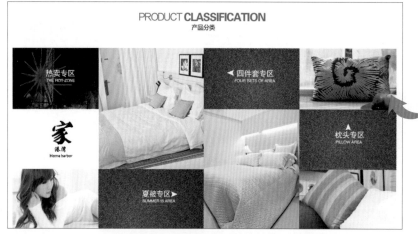

01 启动 Photoshop 程序，新建一个文档。由于分类导航中的商品类别较多，为了便于编辑和管理图像，先单击"创建新组"按钮，新建"商品"图层组，然后用"矩形工具"在画面左上角绘制一个黑色的矩形，用于确定商品图像的摆放位置，如下图所示。

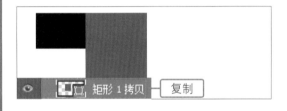

02 按下快捷键 Ctrl+J，复制矩形，创建"矩形 1 拷贝"图层。为了将矩形区分开来，双击"矩形 1 拷贝"图层缩览图，在打开的对话框中重新设置颜色为 R90、G88、B88，更改图形颜色，并适当调整图形的大小和位置，如下图所示。

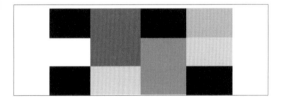

03 用同样方法，复制更多的矩形。根据设计构思对这些矩形的颜色、大小和位置进行调整，确定要添加商品图像的位置，如下图所示。

04 打开素材文件 11.jpg，用"移动工具"把图像拖曳到新建的文件中，适当调整其大小，放在图像左上角的矩形上，如下图所示。

05 为了将超出矩形的图像隐藏，执行"图层 > 创建剪贴蒙版"菜单命令，创建剪贴蒙版，将"矩形 1"和"图层 1"图层添加到一个剪贴组中。完成后可在图像窗口中查看合成的图像效果，如下图所示。

06 打开素材文件 12.jpg，❶选用"移动工具"把图像拖曳至第二个灰色矩形上，得到"图层 2"图层，适当调整其大小，❷然后创建剪贴蒙版，把超出灰色矩形的商品图像隐藏起来，如下图所示。

07 打开素材文件 13.jpg，选用"移动工具"把打开的图像拖曳至下排第三个灰色矩形上，得到"图层 3"图层，适当调整其大小，然后创建剪贴蒙版，把超出灰色矩形的商品图像隐藏起来，如下图所示。

08 添加第 3 张图像后，发现照片中的床品颜色偏黄。因此按住 Ctrl 键不放，单击"矩形 1 拷贝"图层缩览图，载入选区。在图像最上方创建"可选颜色 1"调整图层，打开"属性"面板，在面板中分别选择"黄色"和"红色"，调整这两种颜色的百分比，削弱黄色和红色，统一商品颜色，如下图所示。

09 继续使用同样的方法，用"移动工具"把更多的家居商品复制到新建的文件中，并通过创建剪贴蒙版拼合图像的方式，得到规则排列的商品分类效果，如下图所示。

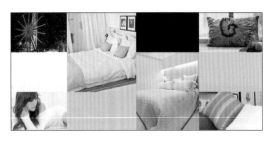

10 打开素材文件 16.jpg，选用"移动工具"把图像拖曳至留白的矩形上，根据版面布局，适当调整素材图像的大小和位置，如下图所示。

11 添加布纹素材后，感觉图像偏亮，可适当降低其亮度。执行"图像 > 调整 > 曲线"菜单命令，打开"曲线"对话框。由于是要降低图像亮度，所以单击并向下拖曳曲线，设置好后单击"确定"按钮，调整图像亮度，如下图所示。

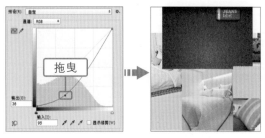

12 为了把超出矩形的布纹素材隐藏起来，❶执行"图层 > 创建剪贴蒙版"菜单命令，创建剪贴蒙版，然后将布纹素材图像复制，分别将其移至留白的矩形上。❷通过创建剪贴蒙版拼合图像，完成分类导航图片的设置，如下图所示。

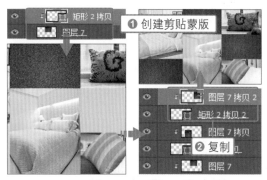

13 为了让分类导航更加明确，接下来在画面中输入文字。创建"标题文字"图层组，用于设置标题文字。选择"横排文字工具"，打开"字符"面板，在面板中选择边缘较柔和的方正兰亭黑，再把文字的颜色设置为较鲜艳的红色，在图像顶部单击并输入文字，如下图所示。

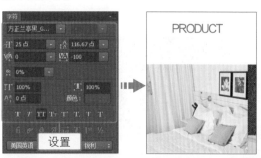

14 为了突出文字的层次关系，需要为输入的文字设置不同的字体和大小。选用"横排文字工具"在已输入的文字旁边继续输入文字，输入后根据喜好对文字的字体和字号进行调整，如下图所示。

15 输入英文字母后，接下来就是中文的输入。输入前根据需要对文字的字体和颜色进行调整，然后在红色文字下方的中间位置单击，输入文字"产品分类"，如下图所示。

16 经过前面的操作，创建了标题文字，接下来就是分类信息的输入。为了便于将文字区分开来，先创建"四件套专区"图层组，然后在图层中输入对应的文字信息，如下图所示。

17 为了让图像中的商品分类指示更加明确，可以在图像中添加箭头图案。选择"自定形状工具"，单击"形状"右侧的下

拉按钮，在展开的"形状"拾色器中单击"箭头6"，在文字旁边单击并拖曳鼠标，绘制箭头图案。绘制后根据商品位置，水平翻转箭头图案，如下图所示。

18 选择"直线工具"，在选项栏中将填充颜色设置为红色，与标题文字的颜色相呼应，将"粗细"设置为3像素，在文字下方绘制一条红色的线条，突出文字信息，如下图所示。

19 ❶按下快捷键Ctrl+J，复制"四件套专区"图层组，创建"四件套专区 拷贝"图层组。使用"移动工具"移动图层组中的文字和图形位置，❷并把图层组重新命名为"枕头专区"，将文字分类信息区分开来，如下图所示。

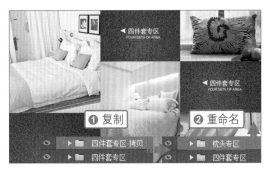

20 选择"横排文字工具"，选择"枕头专区"图层组中的文字信息，根据图像中的商品更改分类信息；然后选择箭头图案，

执行"编辑＞变换＞顺时针旋转90度"菜单命令，旋转图像，让箭头指示的商品更加准确，如下图所示。

21 继续使用同样的方法，复制文字图层组，分别对图层组中的文字和箭头图案进行调整，完成商品分类导航图像的设计，如下图所示。

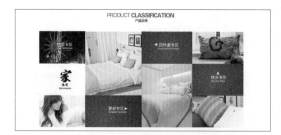

14.5 | 商品细节描述设计

本实例是为一款民族风的手链设计的商品促销展示页面，将拍摄的手链图像与绘制的背景融合在一起，通过将图像与文字混合排列的方式，使得整个画面显得既简洁又不失设计感。同时，在色彩的处理上，利用暗红色和深蓝色搭配组合，营造出一种古典的艺术氛围。

扫码看视频

◎ **原始文件：** 随书资源＼素材＼14\18.jpg

◎ **最终文件：** 随书资源＼源文件＼14\商品细节描述设计.psd

01 启动 Photoshop 程序，新建文件，用"矩形工具"沿图像边缘绘制一个颜色为 R223、G218、B212 的浅色矩形背景，如下图所示。

02 双击图层，打开"图层样式"对话框，❶在对话框中勾选"纹理"样式，在右侧设置纹理图案，❷再勾选"斜面和浮雕"样式，设置高光的"不透明度"为 32%，去除浮雕效果，如下图所示。

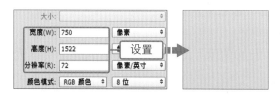

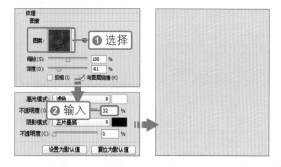

03 完成背景的处理后，接下来就是标题的设计。❶新建图层组，选择"钢笔工具"，❷在选项栏中把绘制模式设置为"形状"，设置与背景颜色反差较大的红色作为描边颜色，然后在画面顶部单击并拖曳鼠标，绘制红色线条，如下图所示。

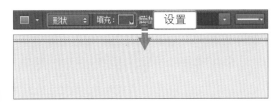

技巧提示　更改图形绘制模式

使用"矩形工具""椭圆工具"或"钢笔工具"绘图时，需先在选项栏中对绘制模式进行设置。单击"选择工具模式"下拉按钮，在展开的下拉列表中选择并调整绘制模式。

04 选择"矩形工具"，在选项栏中设置"形状"绘制模式，将填充色设置为与上一步绘制的颜色相同的红色，然后在虚线下方单击并拖曳鼠标，绘制红色矩形，如下图所示。

05 为了突出标题文字，再次选择"钢笔工具"，在选项栏中设置工具选项后，继续在矩形下方绘制欧式花纹图案，如下图所示。

06 选择"钢笔工具"，调整工具选项，绘制图形，并设置描边效果，绘制后可以看到画面中完整的标题图案效果，如下图所示。

07 经过前面的操作，完成了标题栏图案的绘制，接着就可以添加标题文字了。选择"横排文字工具"，在图案中输入文字"产品详情"。为了让文字与画面风格更统一，打开"字符"面板，在面板中对文字的属性进行调整，如下图所示。

08 打开"字符"面板，在面板中对文字的字体和大小进行调整，设置稍小一些的字号，然后在标题下方输入"PRODUCT DETAILS"。不同的字号更能突出文字的层次关系，如下图所示。

技巧提示　快速缩放文字

运用文字工具在画面中输入文字后，如果要更改文字的大小，除了可以应用"字符"面板或选项栏中的"设置字体大小"进行调整外，也可按下快捷键Ctrl+T，使用变换的方式快速调整。

09 打开素材文件18.jpg，❶选择"移动工具"，把图像拖曳至新建的文件中，命名为"手链1"图层。为了让手链图像成为整个画面中的焦点，❷添加图层蒙版，把手链旁边的多余背景隐藏，如下图所示。

10 为了让顾客看到不同颜色的手链效果，可以把"手链 1"图层复制。按下快捷键 Ctrl+J，创建"手链 1 拷贝"图层，再将复制的手链图像向右移至另一侧，如下图所示。

11 创建"色相/饱和度 1"调整图层，打开"属性"面板，分别❶调整"红色"和❷"黄色"的"色相"，再用黑色画笔涂抹除红色外的其他手链部分，实现商品的局部调色，如下图所示。

12 选择"钢笔工具"，在选项栏中设置工具选项，在手链旁绘制指示线条，再在绘制的线条上输入与商品对应的文字说明，如下图所示。

13 继续使用同样的方法，向画面中添加更多的文字和线条图案等，如下图所示。

14 为了突出不同大小的珠子的区别，选择"椭圆工具"，在选项栏中单击"填充"右侧的下拉按钮，在展开的下拉列表中❶单击"渐变"按钮，❷设置渐变选项后，在文字"直径 8MM"上方绘制圆形，然后将绘制的圆形复制，并调整其大小，如下图所示。

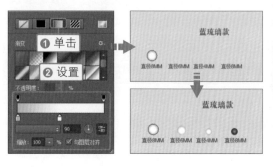

15 确定商品详情文字的输入位置后，❶新建"组 2"图层组，❷用"矩形工具"在画面中间位置绘制一个描边的矩形效果，如下图所示。

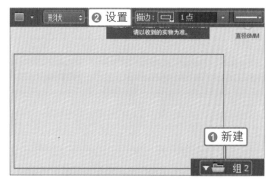

16 为增强图形的整体效果，选择"钢笔工具"，在矩形的左上角绘制一个深灰色的三角形，再把绘制的三角形复制，移到矩形的另外 3 个角位置。结合"矩形工具"和"横排文字工具"，在前面创建的矩形中间位置绘制红色的小矩形，并输入手链的商品介绍信息，如下图所示。

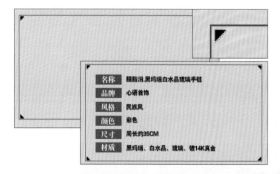

17 将"组 2"图层组复制，将复制的对象向右移动，然后调整图层组中的图形和文字信息，完成商品主要信息的输入，如下图所示。

18 接下来对商品的材质特点进行设计。创建"材质介绍"图层组，把前面绘制的标题图案复制到此图层组，然后用"横排文字工具"在标题栏中输入文字，如下图所示。

19 为了确定材质图像的摆放位置，设置前景色为 R186、G22、B22，选择"矩形工具"，在标题左下方绘制一个红色的矩形，如下图所示。

20 再次打开手链素材图像，用"移动工具"将其拖曳至新建的文件中，❶命名为"手链 2"图层，将该图层创建为智能对象图层。❷执行"滤镜 > 锐化 >USM 锐化"菜单命令，设置滤镜选项，❸单击"确定"按钮，锐化图像，如下图所示。

21 锐化图像后，需要把不需要突出表现的部分隐藏。执行"图层 > 创建剪贴蒙版"菜单命令，创建剪贴蒙版，将矩形外的其他商品图像隐藏起来，如下图所示。

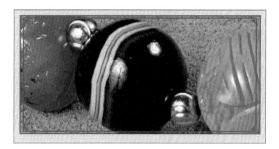

22 选择"横排文字工具"，选择较粗的方正大标宋作为主文字字体，在手链旁边单击并输入材质"黑玛瑙"。为了让文字的层次关系更突出，调整文字字体和颜色等，继续输入更多描述文字，如下图所示。

23 为表现更多的材质特征，将"组 4"图层组复制，创建"组 4 拷贝"和"组 4 拷贝 2"图层组。根据版面需要调整图层组中的图像位置，并根据展示的细节设置相关的文字信息，完成本实例的制作，如下图所示。

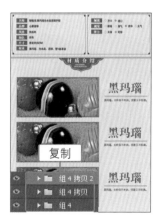

第15章 平面设计实战

平面设计是以"视觉"为沟通和表现的手段，通过多种方式融合图像、文字等元素，以传达一定的理念或信息。Photoshop CC 强大的图像编辑、特效制作、图文混排等功能，让平面设计师可以尽情施展才华和创意。本章将讲解 3 个实用的平面设计案例。

15.1 CD封套设计

本实例将介绍如何制作 CD 封面。在制作的过程中，根据 CD 封面的外包装盒与 CD 盘面的外形特点，运用 Photoshop 绘制出类似的图形，并把拍摄的素材照片置入到图形的中间，形成 CD 外包装盒和 CD 盘面效果，最后再利用文字加以修饰。

扫码看视频

◎ 原始文件：随书资源 \ 素材 \15\01.jpg、02.jpg

◎ 最终文件：随书资源 \ 源文件 \15\CD 封套设计 .psd

01 执行"文件 > 新建"菜单命令或按 Ctrl+N 键，打开"新建"对话框，❶输入文件名为"CD封面全套设计"，❷调整文件的宽度、高度和分辨，❸完成后单击"确定"按钮。❹单击"图层"面板中的"创建新组"按钮▣，❺新建"封面"图层组，如下图所示。

07 设置完成后单击"确定"按钮，为图像应用投影效果，如下右图所示。

08 按快捷键 Ctrl+J，复制"封套"图层，得到"封套 拷贝"图层，如下左图所示。

09 右击"封套 拷贝"图层下方的图层样式，在弹出的快捷菜单中选择"清除图层样式"命令，删除图层样式，然后按快捷键 Ctrl+T，按住 Shift+Ctrl 键，单击并拖动鼠标，从矩形中心位置缩放图形，如下右图所示。

02 打开"01.jpg"文件，使用"移动工具"将打开的素材图像拖动至新建文件中，如下左图所示。

03 选择工具箱中的"矩形选框工具"，在人物图像上单击并拖动鼠标，绘制矩形选区，如下右图所示。

04 新建图层，将其重命名为"封套"，并将其移至"图层 1"图层下方，如下左图所示。

05 隐藏"图层 1"和"背景"图层，设置前景色为白色，按快捷键 Alt+Delete，将选区填充为白色，如下右图所示。

10 在"封套 拷贝"图层上方新建"内页"图层，如下左图所示，设置前景色为 R253、G239、B228，选用矩形选框工具在画面中单击并拖动鼠标，绘制矩形选区，按快捷键 Alt+Delete，为选区填充颜色，如下右图所示。

06 显示"背景"图层，双击"封套"图层，打开"图层样式"对话框，勾选对话框左侧的"投影"复选框，❶在右侧设置投影的"距离"为 10 像素，❷"大小"为 10 像素，其他参数不变，如下左图所示。

11 显示"图层 1"图层，选择"内页"和"图层 1"图层，执行"图层 > 创建剪贴蒙版"菜单命令，创建剪贴蒙版，如下图所示。

15 选择"钢笔工具"，在人物右下角绘制路径，如下左图所示。

16 按快捷键 Ctrl+Enter，将上一步绘制的路径作为选区载入，如下右图所示。

12 选择"矩形选框工具"，在人物图像旁边创建选区，如下左图所示。

13 设置填充颜色 R175、G16、B67，新建图层，将其重命名为"封套边缘"，按快捷键 Alt+Delete，为选区填充颜色，如下右图所示。

14 选中"封套边缘"图层，执行"编辑 > 描边"菜单命令，打开"描边"对话框，❶设置描边的"宽度"为 1 像素、❷颜色为黑色、❸位置"居外"。设置完成后单击"确定"按钮，得到如下图所示的图像效果。

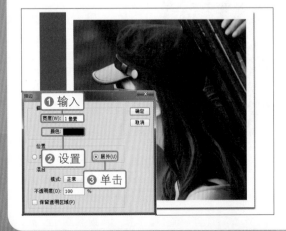

17 新建图层，将其重命名为"卷页"，选择"渐变工具"，单击其选项栏中的"点按可编辑渐变"按钮，打开"渐变编辑器"对话框，设置渐变填充颜色，如下左图所示。

18 设置完成后单击"确定"按钮，然后在选项栏中单击"对称渐变"按钮，如下右图所示。

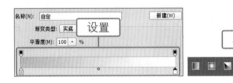

19 将鼠标移至选区中间位置，单击并向外侧拖动鼠标，如下左图所示，为选区应用对称渐变填充效果，如下右图所示。

20 选中"图层 1"，❶单击"图层"面板中的"添加图层蒙版"按钮🔘，❷添加图层蒙版，如下左图所示，选择"画笔工具"，设置前景色为黑色，在人物右下角位置单击并涂抹，如下右图所示。

21 选择"直排文字工具",打开"字符"面板,在面板中对要输入文字的字体、大小等选项进行设置,如下左图所示。

22 在红色矩形上单击并输入文字,输入后的效果如下右图所示。

23 选择"横排文字工具",打开"字符"面板,在面板中对文字属性进行调整,如下左图所示。

24 在人物图像中间位置单击并输入文字,输入后的效果如下右图所示。

25 继续使用横排文字工具在画面中输入更多的 CD 封面文字,再使用图形绘制工具绘制图形,得到如下左图所示的效果。

26 创建新的图层组,并将图层组命名为CD,如下右图所示。

27 再次把人物素材图像打开,使用移动工具把打开的人物图像拖动至 CD 封套图像上。

28 选择"椭圆选框工具",按住 Shift 键,单击并拖动鼠标,绘制正圆选区,如下图所示。

29 单击"图层"面板中的"添加图层蒙版"按钮,添加图层蒙版,得到如下左图所示的效果。

30 选择"椭圆选框工具",按住 Shift 键,单击并拖动鼠标,在 CD 中间位置再绘制正圆选区,如下右图所示。

31 单击"图层 1"图层蒙版,设置前景色为黑色,按快捷键 Alt+Delete,将选区填充为黑色,如下左图所示。

32 执行"图层 > 图层样式 > 投影"菜单命令，打开"图层样式"对话框，❶在对话框中设置描边的"距离"为 10 像素、❷"大小"为 10 像素，其他参数不变，如下右图所示。

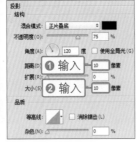

33 设置完成后单击"确定"按钮，应用样式，为图像添加投影效果，如下左图所示。

34 选择"椭圆选框工具"，按住 Shift 键，单击并拖动鼠标，在 CD 中间位置再绘制一个稍大一些的正圆选区，如下右图所示。

35 新建"CD 中心"图层，设置前景色为白色，选择"油漆桶工具"，将鼠标移至选区中间位置，单击鼠标，填充颜色，如下左图所示。

36 ❶选中"CD 中心"图层，❷将此图层的"不透明度"设为 18%，如下右图所示。

37 新建"CD 文字"图层组，选择"横排文字工具"，打开"字符"面板，在面板中设置文字选项，如下左图所示。

38 设置后将鼠标移至 CD 上，单击并输入文字，输入后的效果如下右图所示。

39 打开"字符"面板，在面板中设置文字选项，如下左图所示。

40 将鼠标移至蓝色文字旁边，单击并输入文字，输入后的效果如下右图所示。

41 选择"横排文字工具"，在图像上单击并拖动鼠标，绘制文本框，如下左图所示。

42 打开"字符"面板，在面板中设置文字选项，如下右图所示。

43 在文本框中单击，输入文字，创建段落文本，如下左图所示。

44 继续使用横排文字工具在画面中添加更多段落文本，效果如下右图所示。

45 隐藏除光盘素材外的所有图像的图层，按 Shift+Ctrl+Alt+E 键，盖印可见图层，得到"CD 文字（合并）"图层，如下左图所示。

46 确保"CD 文字（合并）"图层为选中状态，将此图层移至"图层 1"下方，如下右图所示。

47 使用移动工具将"CD 文字（合并）"图层中的图像调整至画面左下角。按 Ctrl+T 键，将其调整至合适大小，然后右击鼠标，在弹出的快捷菜单中选择"斜切"命令，如下图所示。

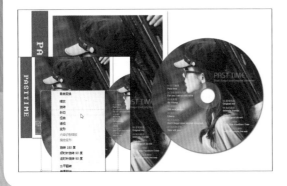

48 将鼠标移至编辑框右上角的控制点位置，单击并向右拖动，如下左图所示。

49 继续使用鼠标单击并拖动控制点，调整 CD 的透视角度，设置完成后按 Enter 键，应用变换效果，如下右图所示。

50 执行"文件 > 置入嵌入的智能对象"菜单命令，置入"02.jpg"文件，命名为"07"，然后调整图像至合适大小，得到如下图所示的效果。

51 为 07 图层添加图层蒙版，选择"渐变工具"，从图像中心向外拖动"黑，白渐变"，隐藏图像，如下图所示。至此，已完成本实例的制作。

本实例将介绍如何利用婚纱照制作结婚请帖。首先绘制装饰图形并添加花纹素材，输入文字信息，接着把拍摄好的婚纱照添加到请帖内页中，用简明的文字说明婚礼的地点、时间等信息。

◎ 原始文件：随书资源 \ 素材 \15\03.jpg ～ 05.jpg

◎ 最终文件：随书资源 \ 源文件 \15\ 婚礼请帖设计 .psd

敬邀

光临　　　先生与　　　小姐的婚礼

时间：2015年10月5日正月初六12点

酒店：迎宾苑大酒店2楼宴会二厅

地址：成都市云水路四段附356号市中心医院对面

带着满心欢喜，邀您共享这份喜悦
相信您的祝福与莅临会让这婚礼更添色彩
也是我们最大的荣混

01 执行"文件 > 新建"菜单命令或按 Ctrl+N 键，打开"新建"对话框，❶输入文件名为"使用婚纱照制作结婚请帖"，❷然后设置新建文件的宽度、高度和分辨率各项参数。❸设置完成后单击"确定"按钮，新建文件，如下图所示。

07　新建"图层3"，设置前景色为R255、G250、B236，选择"油漆桶工具"，在选区内单击，填充颜色，如下右图所示。

02　选择"矩形选框工具"，在画面上半部分绘制矩形选区，如下左图所示。

03　❶新建"图层1"，设置前景色为R253、G229、B226，选择"油漆桶工具"，❷在选区内单击，填充颜色，如下右图所示。

 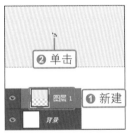

08　继续使用矩形选框工具在画面中创建矩形选区，如下左图所示。

09　单击"矩形选框工具"选项栏中的"从选区减去"按钮，在选区内部单击并拖动鼠标，绘制选区，如下右图所示。

04　打开"03.jpg"文件，选择"移动工具"，把打开的素材图像拖动至新建文件中，如下左图所示。

05　执行"图层>创建剪贴蒙版"菜单命令，创建剪贴蒙版，如下右图所示，把矩形外的图像隐藏起来。

10　新建"图层4"，设置前景色为R235、G109、B86，选用"油漆桶工具"为选区填充设置的颜色，得到如下左图所示的效果。

11　选择"钢笔工具"，在矩形中间绘制心形路径，如下右图所示。

06　选择"矩形选框工具"，在图像中间单击并拖动鼠标，绘制矩形选区，如下左图所示。

12　按快捷键Ctrl+Enter，将路径转换为选区，如下左图所示。

13　新建"图层5"，选择"油漆桶工具"，在选区内单击，填充颜色，如下右图所示。

単击

14 选中"图层5"，连续按快捷键 Ctrl+J，复制图层，如下左图所示。

15 选择"移动工具"，把复制的心形图形移至不同的位置，得到如下右图所示的效果。

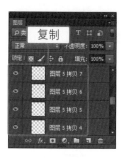

复制

16 选择"矩形工具"，❶在选项栏中设置填充色为"无"，❷描边颜色为R235、G109、B86，❸粗细为2点，❹类型为虚线，如下图所示。

② 设置　　　　　④ 选择

❶ 设置　　　③ 选择

17 在画面中间位置单击并拖动鼠标，绘制矩形并添加描边效果，如下图所示。

拖曳

18 选择"横排文字工具"，打开"字符"面板，在面板中设置要输入文字的各项参数，如下左图所示。

19 设置完成后在图像中单击并输入文字，将得到如下右图所示的图像效果。

设置

20 继续结合"横排文字工具"和"字符"面板，在画面中输入更多的文字，得到如下左图所示的效果。

21 创建新的图层组，并将图层组命名为"内页"，如下右图所示。

新建

22 选择"矩形选框工具"，在画面下方创建矩形选区，如下左图所示。

23 新建"图层6"，设置前景色为R255、G249、B251，选择"油漆桶工具"，在选区内单击，填充颜色，如下右图所示。

单击

24 选择"矩形选框工具"，在画面左侧创建矩形选区，如下左图所示。

25 新建"图层7"，设置前景色为R105、G91、B80，选择"油漆桶工具"，在选区内单击，填充颜色，如下右图所示。

26 打开"04.jpg"文件，将打开的照片拖动至新建文件中，如下左图所示。

27 经过上一步的操作，得到"图层8"图层，执行"图层 > 创建剪贴蒙版"菜单命令，创建剪贴蒙版，得到如下右图所示的效果。

28 选择"钢笔工具"，设置绘制模式为"形状"，在人物照片下方绘制戒指图形，如下左图所示。

29 选择"横排文字工具"，打开"字符"面板，在面板中对要输入文字的各项参数进行设置，如下右图所示。

30 设置后在人像照片下方单击，输入字母 Our Wedding，如下左图所示。

31 打开"字符"面板，在面板中对要输入文字的各项参数进行设置，如下右图所示。

32 设置后在已经输入的文字下方单击，输入文字"我们结婚啦"，如下左图所示。

33 打开"05.jpg"文件，选择"移动工具"，把打开的素材图像拖动至新建文件中，得到"图层9"，❶设置图层的混合模式为"线性加深"、❷"不透明度"为70%，如下右图所示。

34 选择"直线工具"，在选项栏中设置绘制模式、填充颜色、粗细等各项参数，如下图所示。

35 在画面的空白区域单击并拖动鼠标，绘制一条直线，如下左图所示。

36 继续用直线工具绘制直线，并输入文字，完成后，用自定形状工具绘制花朵加以修饰，如下右图所示。至此，已完成本实例的制作。

本实例将介绍如何利用拍摄的照片制作房地产广告杂志内页。根据房地产项目的特征，将整体风格定位为古典水墨风。制作过程中的关键点是对传统古建筑、荷花等素材照片应用蒙版后拼合成新的背景图像，并结合 Photoshop 中的调整命令对其色彩进行统一，使画面色调更加和谐。

扫码看视频

◎ 原始文件：随书资源 \ 素材 \15\06.jpg ～ 12.jpg、13.psd

◎ 最终文件：随书资源 \ 源文件 \15\ 房地产广告设计 .psd

01 打开 "06.jpg" 文件, 图像效果如下左图所示。

02 载入 "水墨01" "水墨02" "水墨03" 画笔, 选择 "画笔工具", 单击 "画笔" 右侧的下三角按钮, 打开 "画笔预设" 选取器, 在其中选择载入的一种墨迹画笔, 并调整画笔大小, 如下右图所示。

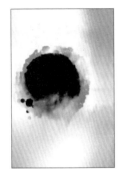
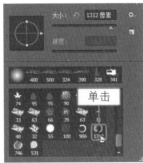

03 设置前景色为黑色, ❶新建 "水墨01" 图层, ❷将此图层的 "不透明度" 设置为 43%, 将画笔移至画面中间位置单击, 绘制水墨图案, 如下图所示。

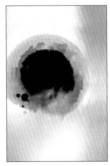

04 新建 "水墨02" "水墨03" 图层, 如下左图所示, 应用同样的方法, 在画面中继续绘制更多的墨点效果, 如下右图所示。

05 打开荷花照片 "07.jpg", 选择 "移动工具", 把图像拖动至水墨背景中, 如下左图所示, 得到新图层, 并将此图层命名为 "荷花", 如下右图所示。

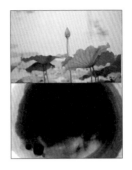

06 选择 "磁性套索工具", 在选项栏中设置各项参数, 如下图所示。

宽度: 10 像素　对比度: 10%　频率: 100

设置

07 将鼠标移至画面中清晰的荷叶位置, 单击并拖动鼠标, 如下左图所示。

08 继续拖动鼠标, 创建选区, 选中画面中的花朵和叶子部分, 如下右图所示。

09 执行 "选择 > 修改 > 收缩" 菜单命令, 打开 "收缩选区" 对话框, ❶在对话框中设置 "收缩量" 为 1, ❷单击 "确定" 按钮, 收缩选区, 如下图所示。

10 执行 "选择 > 修改 > 羽化" 菜单命令, 打开 "羽化选区" 对话框, ❶在对话

框中设置"羽化半径"为1，❷单击"确定"按钮，羽化选区，如下图所示。

11 ❶单击"图层"面板中的"添加图层蒙版"按钮 ◻，❷为"荷花"图层添加蒙版，隐藏图像，如下图所示。

12 按住 Ctrl 键，单击"荷花"图层蒙版缩览图，载入选区，新建"色相/饱和度 1"调整图层，在打开的"属性"面板中设置参数，如下左图所示。

13 单击"色相/饱和度 1"图层蒙版，选用黑色画笔在花朵位置涂抹，还原花朵颜色，如下右图所示。

14 按住 Ctrl 键，单击"色相/饱和度 1"图层蒙版，载入选区，新建"色彩平衡 1"调整图层，在打开的"属性"面板中设置参数，如下左图所示。

15 设置完成后，应用设置的参数调整图像，加强红色和黄色，得到如下右图所示的效果。

16 选择"椭圆选框工具"，按住 Shift 键，单击并拖动鼠标，绘制正圆形选区，如下左图所示。

17 创建新图层，设置前景色为 R255、G251、B238，选择"油漆桶工具"，在选区内单击，填充颜色，如下右图所示。

18 执行"图层 > 图层样式 > 斜面和浮雕"菜单命令，打开"图层样式"对话框，单击"纹理"样式，❶在右侧单击"图案"右侧的下三角按钮，❷在展开的列表中选择图案，如下左图所示，❸并设置图案的"缩放"和"深度"选项，如下右图所示。

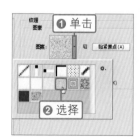

19 设置完成后，单击"图层样式"对话框中的"确定"按钮，应用图层样式，添加纹理效果，如下左图所示。

20 打开"08.jpg"文件，选择"移动工具"，把打开的图像拖动至添加纹理的圆形上，❶得到"水墨04"图层，❷设置混合模式为"明度"。执行"图层 > 创建剪贴蒙版"菜单命令，创建剪贴蒙版，如下右图所示。

25 执行"滤镜 > 锐化 >USM 锐化"菜单命令，打开"USM 锐化"对话框，❶输入"数量"为 50%，❷"半径"为 4.4 像素，❸单击"确定"按钮，如下左图所示。

26 应用滤镜锐化图像，得到如下右图所示的效果。

21 打开"09.jpg"文件，使用钢笔工具沿图像中的浮雕图案绘制路径，如下左图所示。

22 按快捷键 Ctrl+Enter，将路径转换为选区，再按快捷键 Ctrl+J，复制选区内的图像，得到"图层 1"，如下右图所示。

27 执行"图层 > 图层样式 > 内阴影"菜单命令，打开"图层样式"对话框，在对话框中勾选"内阴影"复选框，设置内阴影的各项参数，如下左图所示。

28 勾选"投影"复选框，设置投影的各项参数，如下右图所示。

23 选择"移动工具"，把"图层 1"中的图像拖动至处理好的背景图像中，创建"建筑 01"图层。执行"图层 > 智能对象 > 转换为智能对象"菜单命令，创建为智能图层，如下左图所示。

24 按快捷键 Ctrl+T，自由变换图像的大小和外形，调整至如下右图所示的位置，再按 Enter 键。

29 设置完成后单击"确定"按钮,应用样式,为图像添加内阴影和投影效果,按住 Ctrl 键,单击"建筑 01"图层缩览图,载入选区,如下图所示。

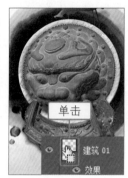

30 新建"色相/饱和度 2"调整图层,打开"属性"面板,在面板中①勾选"着色"复选框,②设置色相及饱和度,如下左图所示。

31 根据上一步设置的参数调整建筑图像的颜色,得到如下右图所示的效果。

32 按住 Ctrl 键,单击"色相/饱和度 2"图层蒙版,载入选区。新建"色阶 1"调整图层,打开"属性"面板,在面板中设置参数,如下左图所示。

33 根据上一步设置的色阶参数调整图像的亮度,加强对比效果,如下右图所示。

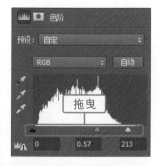

34 按住 Ctrl 键,单击"色阶 1"图层蒙版载入选区。新建"黑白 1"调整图层,打开"属性"面板,①勾选"色调"复选框,②设置各颜色的具体参数值,将图像转换为单色调效果,如下图所示。

35 单击"建筑 01"图层,按住 Ctrl 键,单击"建筑 01"图层缩览图,载入选区,如下左图所示。

36 执行"选择 > 色彩范围"菜单命令,打开"色彩范围"对话框,在对话框中选择"中间调"选项,如下右图所示。

37 设置完成后单击"确定"按钮,选择中间调部分,然后新建"曲线 1"调整图层,在打开的"属性"面板中单击并设置曲线形状,如下图所示。

38 单击"曲线1"图层蒙版，选择"画笔工具"，设置前景色为黑色，在建筑图像下方不需要调整的位置涂抹，控制曲线调整的范围，如下图所示。

39 继续使用同样的方法，把另外两个建筑图像添加至画面中，然后对其颜色进行调整，得到如下左图所示的效果。

40 打开"12.jpg"文件，选择"移动工具"，把图像拖至水墨背景中，如下右图所示，将图层命名为"鸟儿"。

41 选择"钢笔工具"，沿图像中的鸟儿图像绘制工作路径，如下左图所示。

42 按快捷键Ctrl+Enter，将路径转换为选区，选择图像，如下右图所示。

43 单击"图层"面板中的"添加图层蒙版"按钮，添加蒙版，执行"编辑>变换>水平翻转"命令翻转图像，如下左图所示。

44 执行"图层>图层样式>投影"菜单命令，打开"图层样式"对话框，在对话框中勾选"投影"复选框，设置投影的各项参数，如下右图所示，为鸟儿添加投影效果。

45 按住Ctrl键，单击"鸟儿"图层缩览图，载入选区，新建"黑白2"调整图层，打开"属性"面板，设置参数后调整图像，得到黑白效果的鸟儿图像，如下图所示。

46 按住Ctrl键，单击"黑白2"图层缩览图，载入选区。新建"色阶2"调整图层，打开"属性"面板，设置参数，如下左图所示。

47 设置完成后，应用色阶调整图像，加强对比效果，如下右图所示。

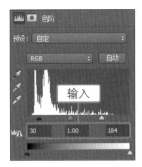

48 打开金鱼素材"13.psd",选择"移动工具",❶把图像拖至水墨背景中,得到新的图层,执行"图像 > 调整 > 去色"菜单命令,并将图层命名为"金鱼",❷连续按快捷键 Ctrl+J,复制两个图层,创建"金鱼 拷贝"和"金鱼 拷贝 2"图层,如下左图所示。

49 分别选择各图层中的图像,按快捷键 Ctrl+T,调整图层中金鱼图像的大小和位置,如下右图所示。

50 选择"钢笔工具",设置绘制模式为"形状",填充颜色为黑色,在图像右上角绘制简化的房子图形,如下左图所示。

51 按快捷键 Ctrl+J,复制图形,得到"形状 1 拷贝"图层,如下右图所示,用直接选择工具选择并修改复制的图形。

52 使用上一步相同的方法,复制更多的图形,然后分别调整其大小,得到如下左图所示的效果。

53 选择"横排文字工具",打开"字符"面板,在面板中设置文字的字体、大小等各项参数,如下右图所示。

 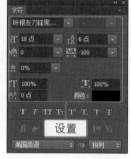

54 将鼠标移至绘制的图形下方,单击并输入楼盘名"清雅风院",如下左图所示。

55 打开"字符"面板,设置要输入文字的各项参数,如下右图所示。

 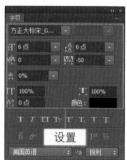

56 将鼠标移至楼盘名称下方,单击并输入文字"纯自然 / 真山水",突出楼盘特色,如下左图所示。

57 继续结合横排文字工具和图形绘制工具,在画面中添加更多的文字和图形,得到如下右图所示的效果。至此,已完成本实例的制作。